新常态正能量

张小强　著

中国财富出版社

图书在版编目（CIP）数据

新常态正能量 / 张小强著．—北京：中国财富出版社，2015.7

ISBN 978－7－5047－5764－7

Ⅰ.①新… Ⅱ.①张… Ⅲ.①成功心理—通俗读物 Ⅳ.①B848.4－49

中国版本图书馆 CIP 数据核字（2015）第 137990 号

策划编辑 宋 宇 **责任印制** 何崇杭

责任编辑 宋宪玲 **责任校对** 饶莉莉

出版发行 中国财富出版社

社　　址 北京市丰台区南四环西路 188 号 5 区 20 楼 **邮政编码** 100070

电　　话 010－52227568（发行部） 010－52227588 转 307（总编室）

010－68589540（读者服务部） 010－52227588 转 305（质检部）

网　　址 http：//www.cfpress.com.cn

经　　销 新华书店

印　　刷 北京京都六环印刷厂

书　　号 ISBN 978－7－5047－5764－7/B・0443

开　　本 710mm×1000mm 1/16 **版　　次** 2015 年 7 月第 1 版

印　　张 12.75 **印　　次** 2015 年 7 月第 1 次印刷

字　　数 171 千字 **定　　价** 32.00元

心态影响你一生
（代序）

拥有积极心态的人，往往能在绝望时看到希望，在黑暗中看到光亮，在平凡中看到机会，因而他们心中始终燃烧着热情和乐观的火焰，永远拥有积极向上、努力奋斗的不竭动力。

每个人眼中的世界都是自己内心的反映。如果你的内心充满忧郁、困苦、恐惧、失望，那么你的生活将会变得愁苦和悲痛；反之，如果你将平和、安详、乐观融入心中，那么你的生活将会变得明媚和清澈。

我们的财富不断增加，但是快乐却越来越少；我们的沟通工具越来越多，但是心灵的沟通却越来越少；我们认识的人越来越多，真正的朋友却越来越少。这一切很大程度上是因为我们的心态失去了方向！

人生的秘诀就在于懂得怎样驾驭心态这股力量，不为这股力量所反制。如果你能做到这点，就能主宰自己的人生；反之，你的人生就无法由自己掌控。

《三国演义》中的刘备，因为东吴夺取了荆州，并杀害了他的结拜兄弟关羽，于是一怒之下发动了对东吴的战争。刘备率战将百员，御驾亲征。东吴起用陆逊为大都督，抵御刘备。陆逊以柔克刚，后发制人，火烧蜀军营盘700里，刘备70余万人马被杀得大败而归。

刘备一生做事谨慎，但就是这一次冲动，成了他人生中最大的败笔。显然，如果刘备能驾驭自己的情绪，三国的历史将改写。

上帝要毁灭一个人，必先使他疯狂。英国诗人约翰·米尔顿说："一个人如果能够驾驭自己的情绪、欲望和恐惧，那他就胜过国王。"拿破仑·希尔也说："一个人除非先驾驭了自己，否则他将无法驾驭别人。"

每个人或多或少都会有各式各样、大大小小的情绪和心理挑战。在人生的旅途中我们要学会用心态做事，不要用情绪做事。所谓成功的人，就是有能力驾驭自己心态的人。

一个人的心态就是他真正的主人，要么是你掌控命运，要么是命运掌控你。而你的心态将决定谁是掌控者，谁是被掌控者。

人生无常，成功者积极乐观，失败者消极悲观。悲观的人，先被自己打败，然后才被生活打败；乐观的人，先战胜自己，然后战胜生活。这就是心态的威力。

心态是一面双刃剑，当你拥有积极心态时，它会为你的成功添砖加瓦；反之，它就会给你制造很多麻烦，甚至阻挡你前进的步伐。

所以，无论是希望自己的生活幸福美满，还是希望自己的事业辉煌成功，我们都需要拥有积极的心态。

世界上从来没有完美的人生，如果你善于发现生命中每一次遭遇背后的价值和意义，如果你有能力把注意力聚焦到事物的积极面，如果你能管理好自己的情绪，如果你可以让自己的内心平和，你的人生就会变得更加幸福喜悦，你将更有热情，更有创造力，从而取得更高层次的成功！

生命是一场修炼，让我们为了人生的幸福一起来修炼心智吧！

张小强

2015 年 6 月

目录

第一章 让你的心灵洒满阳光

第一节　积极心态会带给人幸运

凡事都要往好处想，天下没有那么多的倒霉事都留给你。积极去做该做的事，没有什么过不去的坎儿。

牛仔大王李维斯的成功，就得益于他的积极心态。

李维斯的创始人李维·施特劳斯曾像许多年轻人一样，带着发财的梦想前往西部淘金。一天，一条大河挡住了他前往西部的路，苦等数日，被阻隔的行人越来越多，但都无法过河。于是陆续有人转往上游、下游，绕道而行。也有人打道回府，更多的则是怨声一片。

施特劳斯的反应让人们惊讶，他不但没有沮丧，反而非常兴奋地不断重复着对自己大声说：太好了，大河居然挡住了我的去路，上天又给了我一次成长的机会，凡事的发生必有其因果，必有助于我。

果然，随后他真的有了一个绝妙的赚钱主意——摆渡。没有人因为吝啬一点小钱而不坐他的渡船过河，因此，他人生的第一笔财富居然因大河拦挡而获得成功。

一段时间后，摆渡的人多了起来，他决定放弃，并继续前往西部淘金。来到西部，到处是人，他买了工具，找到一块合适的空地，便开始淘起金来。没多久，来了几个恶汉，围住他叫他离开，说这里是他们的地盘。他刚想理论几句，那伙人便失去耐心，给了他一顿拳脚。

随后，施特劳斯又连续几次被人殴打，淘金致富的想法越来越渺茫了。不过，施特劳斯没有灰心，他又想出了另一个绝妙的赚钱主意——卖水。西部缺水，可似乎没人能想到它，不久他卖水的生意便红红火火开张了。

慢慢地，也有人参与了卖水行业，再后来，卖水的人越来越多。终于有一天，在他旁边卖水的一个壮汉对他发出了最后通牒："小个子，以后你不用再来卖水了，从明天早上开始，这个地盘归我了。"

施特劳斯以为那人是在开玩笑，第二天依然来了，没想到那家伙立即冲上来，不由分说便对他一顿暴打，最后还将他的水车也一起拆烂了。

施特劳斯不得不再次无奈地接受现实。然而当这家伙扬长而去时，他却立即开始调整自己的心情，再次强行让自己兴奋起来，不断对自己大声说：太好了，这样的事情竟然发生在我的身上，上天又给了我一次成长的机会，凡事的发生必有其因果，必有助于我！

他开始再次调整自己注意的焦点，他发现西部人的衣服极易磨破，同时又发现西部到处都有废弃的帐篷，于是他又有了一个绝妙的主意：把那些废弃的帐篷收集起来，洗干净，缝出了世界上第一条用帐篷做的牛仔裤。从此他的生意一发不可收拾，最终成为举世闻名的牛仔裤大王。

李维·施特劳斯的成功让我们认识到，凡事有利有弊，如果你盯住

不好的一面，你就会消极对待；如果你看到了好的一面，你就会积极主动的行动，化不利为有利。积极的心态不但能让我们走出困境，还能帮助我们取得一个又一个的成功。

生活不是缺少美，而是缺少发现。有一句话说得好，快乐的最好方法就是多看看比你还不幸的人。悲观的失败者视困难为陷阱，乐观的成功者视困难为机遇，结果就有两种截然相反的人生。

凡事从好处想，就会看到希望，有了希望才能增添我们生活的勇气和力量。所以，当我们遇到挫折的时候，首先要去想：太棒了！这种事居然发生在我身上，我的人生又多了一种体验！

有甲乙两人，在一个风和日丽的假期中去郊游，途中忽然变了天，乌云密布，一会儿就下起了倾盆大雨，两人只好跑到一处凉亭避雨。

甲一边擦去雨水一边庆幸地说："哎哟！我们运气真不坏，这么快就找到一个避雨的地方。好在有个亭子，不然一定会淋成落汤鸡喽！看样子这雨不会下太久，我们正好在这儿歇一会儿，欣赏一下雨景。"

乙却气急败坏地抱怨起来："真倒霉！出门就被雨淋，好好的游兴都给打消了，真没意思！早知道不如去看电影，如今被困在这鬼地方，烦死了！这雨不知要下到几时，困在这里像囚犯，没意思！"

一样的状况，一样的遭遇，由于两人的心态不同，便产生两种全然不同的看法。可以看出，甲是个乐观、心存感激、什么事都往好的方面去想的人。这样的人多半比较快乐、知足、积极，最重要的是，这样的人比较容易相处。

给自己的心灵开一扇窗，让阳光进来。当明媚的阳光抚摸你的心灵时，你会有一种异样的感觉——心被暖暖的阳光呵护着，快乐与你一起飞翔。

无论何时，我们都要在心中种植属于自己的阳光。拥有它，你就会拥有阳光般的笑容。嗅到阳光的味道，你的生活就宛如面朝大海，春暖花开。

一个多愁善感的小女孩，在家里西窗前看见一行送葬的队伍，不禁神情黯淡，泪流满面，蜷缩在窗前发呆。

爷爷看见了，把小女孩叫到东窗前，推开窗户让她看，只见一户人家正在举行婚礼，喜庆幸福的气氛顿时感染了小女孩，她破涕而笑了。

从此，在她幼小的心灵中，永远铭刻下了爷爷颇有哲理的教诲：人生有悲剧也有喜剧，有失败也有成功，有痛苦也有欢乐。你不能只推开一扇窗，只看一面的风景！只要给自己的生活多开几扇窗，就会有温馨的景致呈现在你面前。而这一切，都要看你的心灵是否允许阳光进来。

另一个活泼好动的小女孩，在滑雪中不幸摔折了腿，住进了医院。她躺在病床上不能动弹，苦不堪言，度日如年，整日以泪洗面。与她同病房、靠近窗口的是位慈祥的老太太，她的伤已快痊愈了，每天都能坐起来，痴迷地观赏窗外的景色。

小女孩多想看看窗外的世界呀！可她的腿上有夹板做着牵引，不能坐起来，病床又不靠窗，自然无法观赏窗外的景色。每当老太太推窗观景时，小女孩就无比羡慕，总是情不自禁地问：“您看见什么了？能不能说给我听听？”

老太太爽快地答应：“行，行！”于是，老太太每天给她细细描述窗外的景色和发生的事。小女孩边听，边想象着窗外的景象，不由得心旷神怡，心中那份郁闷寂寞顷刻化为乌有。

一个月后，老太太出院了。小女孩迫不及待地恳求医生把她调到靠窗的病床。她挣扎着欠起身，伸长脖子，朝窗外一望，她惊呆了：窗外竟是一堵黑墙！但小女孩豁然开朗：是老太太给她推开了一扇心窗！在后来的生活里，这位小女孩每当遇到挫折悲伤时，就会想起这位可敬的老太太，想起老太太给她描述的窗外美景……

人在濒临心灵窒息和精神危机时，最需要有一双手帮他推开一扇心窗，自己的或是他人的手。其实，这只是举手之劳，人人都不难做到，但这往往被很多人漠视、遗忘，甚至不屑为之。

其实，求人不如求己，只有自己才知道自己想要什么，别人也许可以帮助我们，但最终还要靠我们自己把心窗打开。

人生都有独特的诠释，不管是追求，还是执着。不过，有一点是永远不会变的，那就是人生是成败交替的综合体，是得失兼容的五味瓶。而想要真正读懂人生，就必须敞开心胸，接纳万物。

人们都喜欢和煦的春风，明媚的阳光，因为这会给人带来一种舒适、惬意的感觉，其实拥有一份阳光的心态也很简单，那就是敞开心扉，与快乐一起飞翔。

当你用快乐的心态去看现实，看世界时，你会感受到阳光的温度，因此，你又何必让你的心处在阴晦之中呢？给自己的心开一扇窗，让阳光进来，拥有阳光的你将会拥有超然豁达的人生。重要的是，拥有阳光你就不会在苦闷和失落中迷失自己，拥有阳光你就不会在复杂的社会中失去了方向。

小强能量站

积极的心态使人们把生活的磨难当成生命中的礼物，并在磨难中进取；消极的心态使人们抱怨生活的磨难，并在抱怨中消沉。积极的心态能挖掘出一个人的潜能，而消极的心态将会埋没一个人的才能。

积极的人会在每一次忧患中寻找机会，而消极的人则在每一个机会中看到困难重重。

看到事物的积极面，可以产生乐观的情绪，从而带来无限的生活动力；盯住事物的消极面，就会产生悲观的情绪，从而进入人生的疲软状态。所以学会调整自己的注意力是驾驭心态的关键。

第二节　笑对生活中的不如意

对于心态不好的人，人生十有八九不如意，烦心事、伤心事、痛心事、苦心事常相伴。当我们因为种种不如意而烦恼时，就会对困难、压力、挫折及灾害等造成的负面心理放不下，任其肆虐心灵，从而丧失意志和勇气，也不会有积极乐观的心态去应对。

此时最好的解决办法就是“放下”烦恼。唯有你心里不计较了、不怨恨了，才不会痛苦，也才能走出烦恼的困境，寻找到光明的途径。

听朋友讲过这么一个故事。

前不久，他的邻居搬走了，空出来的房子因为没人管理，在接连两场暴雨的冲刷下院墙地基塌陷，一下子倒在了朋友的院子里，把他心爱的一棵石榴树砸得枝残叶断、面目全非。

朋友非常恼火，就打电话给他的邻居，让他回来解决问题。搬走的邻居满口答应，可过了一个星期也没回来。朋友很生气，天天被这件事折磨得不得安宁。他的老婆看不下去了，就骂了他一句：这么点事都放不下，你还能干什么？

本来心绪不宁的朋友竟然一下被这句话骂醒了。他不再把心思放在恼恨邻居上，而是自己开始动手把压倒石榴树的残垣断壁清理干净，又对石榴树进行了修剪，留下几枝较整齐的主枝。

这时，邻居回来了，一见面就道歉，说是单位突然有事，所以脱不开身。邻居又拿出钱来要赔偿朋友的损失，被朋友拒绝了，朋友还热心地帮助邻居一起修复了院墙。结果，邻居临走前，紧紧握住他的手，神态里充满了感激之情。

现实生活中，每个人都希望事事如意。但是，我们有没有给过别人如意？我们希望别人能够理解我们，关怀我们，可是我们有没有理解过别人，关怀过别人？

当我们看到身边的人高就的高就，升迁的升迁，发达的发达，而自己却还在原地踏步，于是就不免感到失意，有的人甚至会心生嫉恨，巴不得对方出点什么岔子跌入谷底深渊才好。一旦有了这种心态，自己的情绪也会跟着他人他物的变动而变动，不能自控。

这个时候，我们就要懂得调整自己的心态。坚信每一朵花儿都有盛开的季节：有的花在春天开放，比如说桃花；有的花是在夏天开放，比如说荷花；有的花是在秋天开放，比如说菊花；有的花是在冬天开放，比如说梅花。同样，我们的生命也有不同的绽放的季节。

读到一篇关于罗温·艾金森（“憨豆先生”）的文章，觉得挺有启发。

艾金森出生不久，父母发现这孩子有些智力障碍。尤其在日常生活和人际交往上，单向思维的小艾金森显得异常幼稚笨拙。

高中快毕业的时候，艾金森参加了学校的篮球队，他的父母希望能使他有所改变，但低能的艾金森很快就让人失望了。尽管他非常努力，但天赋实在太差，队员们已经分组对抗了，他还站在篮筐下练习罚篮。

几个月之后，艾金森所在的篮球队参加了高中毕业前的最后一次联赛。他们运气不好，第一场就遭遇上届冠军。比赛毫无悬念，打到半场，艾金森所在的球队已经落后20多分。中场休息的时候，一个队员建议说，这场比赛已经没有机会了，能不能让艾金森上场。于是教练征询意见，所有队员都赞成。

下半场，艾金森披挂上阵。很快，队员传球给他。艾金森站在熟悉的罚篮线上，沉腰、屏息、屈膝、投篮，篮球偏离了轨道。没多久，队友们又把球传给了他，还是没中。双方的比分相差越来越大，队友们只要一接到球便毫不犹豫地传给艾金森，可他每次都罚丢。

对方球员看出了其中的奥妙，也将手中的球传给艾金森。艾金森不停地投篮，观众们自发为他加油。时间越来越少，他仍然一球未进。汗水浸透了他的衣服，离终场还有4.8秒，艾金森再次出手，篮球在空中划过一道漂亮的弧线，稳稳落入篮筐。

"进了！球进了！"人们将艾金森高高抛起。在这场比赛中，艾金森成了最后的赢家。

后来的十几年里，艾金森遭遇无数的冷遇。被房东赶出过住处，不停地失业，挫折、失败接踵而来。但他一直保持着乐观的心态，等待着人生赛场上最漂亮的一击进球。

一个偶然的机会，《非9点新闻》的导演看到了艾金森滑稽异常的表情和表演，决定让他主演一个新栏目。不久之后，这个名叫《憨豆先生》的节目风靡全球。艾金森凭借出色的表演，和金凯利、周星驰一起被尊为"当代最伟大的三位喜剧之王"。

人生中的如意和不如意，是一对可以相互转化的矛盾。面对种种不如意，如果我们不懊丧、不抱怨，以乐观、豁达、积极的态度对待它，那么我们就会迎来一个又一个的称心如意。

当心态越来越积极乐观的时候，所谓的不如意也就会越来越少了。

第三节 将困难踩在脚底

人生必须渡过逆流才能走向更高的层次。苦难使人成长，催人奋进，是人生的必经之路。如果能够在逆境中完善自己的内在素质，磨炼自己的坚忍意志，提升自己应对困难的能力，那么困苦对人就并非是一件坏事。因为只有在苦难中人们才更容易汲取教训，丰富自己的阅历。

有个农夫，他的一头驴子不小心掉进了一口枯井，农夫绞尽脑汁想救出驴子。但几个小时过去了，还是没有办法。最后，这位农夫决定放弃，他想这头驴子年纪大了，不值得大费周章把它救出来。不过无论如何，这口井还是得填起来。于是农夫便找来左邻右舍，帮忙一起将井中的驴子埋了，以免除它的痛苦。

邻居们人手一把铲子，开始往井中铲泥土。泥土落到驴子身上，驴子感到恐惧，哭得很凄惨。但出人意料的是，一会儿之后它就安静下来了。人们好奇地探头往井底一看，出现在眼前的景象令他们大吃一惊：当泥土落在驴子的背上时，驴子迅速地将泥土抖落在一旁，然后站到抖落下来的泥土堆上面！

就这样，驴子将大家铲倒在它身上的泥土全数抖落在井底，然后再站上去。很快，它便得意地上升到井口，然后在众人惊讶的表情中快步地跑开了！

就如驴子的情况一样，在生命的旅程中，我们难免有时会陷入“枯井”里，会被各式各样的“泥沙”倾倒在身上，而想要从这些“枯井”脱困的秘诀就是将“泥沙”抖落掉，然后将它踩在脚底！如果我们不懂得及时把它们抖落掉，而一味地承受，最终就会被埋入土中。

放下许多本不属于自己的东西，抛开一切外物的干扰，把沉重的功利包袱踩在脚下，提升内在精神境界，也许你看到的就是另外一片天空。

所有伟大的成功人物，他们的一生都不是一帆风顺。恰恰相反，正是各种各样的困苦艰难激发了他们的战斗意志，促使他们创造出了更辉煌的人生。

有一位退休的老船长，喜欢跟人讲述他一生的航海历程。在他种种多彩多姿的奇遇中，最引人入胜的就是与狂风暴雨搏斗的惊险遭遇。

有人问老船长：“如果你的船正在行驶，而前方的海面上，有一个巨大的暴风圈正向你的船迎来。请问，以你的经验，你该如何处置呢？”

老船长微笑着反问道：“如果是你，你又该如何处置呢？”前者想了想，回答道：“返航，将船头调转一百八十度，远离暴风圈，这会是避免危险的最安全方法吧？”

老船长摇摇头道：“不行，如果你掉头回航，暴风圈还是会赶上你的船；你这么做，反而将你的船跟暴风圈接触的时间延长了许多，这会让你更加危险。”

另外有人问：“那如果将船头向左或向右转九十度，试着脱离暴风圈的威胁呢?”老船长仍是摇摇头，微笑道：“还是不行，如果这样做，船身的整个侧面就会暴露在暴风雨的肆虐之下，它与暴风圈接触的面积也就变大了，结果会更加危险。”

众人不解：“如果这些方法都不行，那究竟该怎么做才最明智?”老船长用力地挥了一下手说：“只有一个方法，那就是抓稳你的舵轮，让你的船头不偏不倚地迎向暴风圈。唯有这样做，才可以将船与暴风圈接触的面积化为最小；同时，因为你的船与暴风圈彼此的相对加速度组合在一起，还可以减少与暴风圈接触的时间。迎头而上你就会发现，你很快就能冲过暴风圈，迎接另一片充满阳光的蔚蓝晴天了。”

众人听到这里，不禁为老船长睿智的应变能力折服。其实生活中也一样，遭遇困境时，最有效的解决态度就是如同老船长所说的：“迎上前去。”勇敢地面对困难，在困境中搏斗，不仅可以减少与问题纠缠的时间，更能够将力量集中于一个焦点，一举突破逆境的缠绕。

每个人的生活中都会遇到各种各样的困难和挫折，而且，任何人都无法逃避。只有勇敢地面对它，我们才可能在最短的时间内摆脱它们带来的困扰。也许，你正经历失业的痛苦；也许，你的事业正处于一个低谷；也许，你的亲人离开了这个世界；也许，茫茫人海中，你还未曾找到你的真爱……不要抱怨，更不要气馁，这是命运对你的考验，它让你在困难和挫折中学会珍惜身边的人和机会，它让你提升驾驭幸福的心智和能力，然后它会把幸福带给你，这样你才能更好地把握幸福、珍惜拥有。

困难和挫折是我们获得最终幸福的一个必经过程，也是我们迈向成功的台阶。把困难和挫折踩在脚下，它就成了你迈向成功的垫脚石。

小强能量站

困难和挫折是为了让我们变得更加坚强而准备的历练工具，更是为了让我们增长智慧而准备的成长工具。当困难与挫折出现的时候，抱怨它，因为它而消沉，它就会成为你人生中的绊脚石，阻碍你的发展。反之，当困难和挫折出现的时候，接纳它，因为它而成长，它就会成为你人生中的垫脚石，让你增长能量去承载更大的成就。只有认识到困苦是人生的必修课，你才能够以更加积极的心态去面对它，并学会在困境中突破自己，超越自我，让困难成为你攀登成功阶梯的垫脚石，让你拥有更美好的未来。

从另一个角度看，人生是一个丰富的旅程，月有阴晴圆缺，人有悲欢离合，每一段经历都是人生中的一道风景线，它丰富了我们人生的阅历。

第四节 学会正面自我暗示

我们多数人的生活境遇，既不是一无所有，一切糟糕，也不是什么都好，事事如意。这种“一般”的境遇相当于“半杯咖啡”。当你面对这半杯咖啡的时候，心里会产生什么念头？

面对这“半杯咖啡”，人们通常会表现出两种截然不同的情绪：消极的与积极的。

消极的自我暗示是因为少了半杯而不高兴，以至于情绪消沉；而积极的自我暗示是庆幸自己已经获得了半杯咖啡，觉得自己应该好好享用，因而情绪振作，行动积极。

卡耐基指出，潜意识就是已经习惯成自然，不用有意控制的心理活动。根据大自然的构造，人类完全能够控制经由各种感觉器官进入潜意识的各种信息刺激和物质力量。

非洲的一个部落酋长有三个女儿，前两个女儿既聪明又漂亮，都是被人用九头牛作聘礼娶走的。在当地，这是最高规格的聘礼了。第三个女儿到了出嫁的时候，却一直没有人肯出九头牛来娶，原因是她非但不漂亮，还很懒惰。

后来一个远方来的游客听说了这件事，就对酋长说："我愿意用九头牛来换你的女儿。"酋长非常高兴，真的把女儿嫁给了外乡人。

过了几年，酋长去看自己远嫁他乡的三女儿。没想到，女儿变成了一个气质脱俗的漂亮女人，而且能亲自下厨做美味佳肴来款待他。酋长很震惊，偷偷地问女婿："难道你是巫师吗？你是怎么把她调教成这样的？"

女婿说："我没有调教她，我只是始终坚信你的女儿值九头牛，所以她就一直按照九头牛的标准来做了，就这么简单。"

正面的刺激可以很好地激发一个人的正面情绪。事实上，人是十分情绪化的动物，人的一生主要受情绪的影响，善于驾驭自己的情绪，不要让消极的暗示力量占主导地位，这关系到一个人的人生走向。

当遭遇困难和打击时，我们应该对自己说：我很坚强，我一定会赢得胜利。这样的心理暗示力量必将为你增添战胜困难的勇气和信心。

在华沙，一群儿童在嬉戏。一个吉卜赛女巫托起一位小姑娘的手，仔细看了看说："你将会世界闻名！""预言"应验了，这位小姑娘就是后来的居里夫人。

一位工人下班后被锁在"冷库"里，第二天被人们发现时他已冻死了，而令人惊奇的是，那天根本就没通电，冷库里只是常温！

其实，世上没有什么准确的预言，是女巫给了居里夫人一种"成功"的信念；那位工人则是自己害死了自己，望着被关死的铁门，心想："这里零下几十摄氏度，我肯定要被冻死了！"这就是"心理暗示"，它能引导人走向成功，也能致人死亡。

心理学家告诉我们：成功与否，全看你"心之所向"。给大脑正面的刺激——"良性的心理暗示"，大脑就会活络起来，产生连自己也意想不到的力量。

1979 年，哈佛大学的心理学家埃伦·兰格进行一个实验，在一间别墅里营造 1959 年的环境，音乐来自 1959 年，杂志都是 1959 年前后的，日报是 1959 年的，所有的一切都是 1959 年的。她找来 75 岁以上的男人，把他们送去别墅，让他们扮演 1959 年时的角色，让他们回到 20 年前的情景。实验发现，在一周结束时，这些老人的心理和生理年纪都减小了。他们在各项测试中变得更灵活，他们手掌、双腿、身体都变得更强壮。他们的记忆力有明显改善，他们的智力水平也有一定提高。经测量，他们的手指指骨间的距离变长（人越老，骨骼间空隙变得越小，指骨变得更紧）。

他们的家庭成员对他们的评估是：他们变得更快乐，变得更加自立，更少依赖，他们变得更健康，他们的视力和听觉有明显改善。

在短短一周时间内发生这些奇妙的变化，源自他们进入了强大的年轻态的良性心理暗示。

身边的事物总是不知不觉地在我们的意识或潜意识中植入一个信念、一粒种子，并因此发生作用。研究发现，在实验者不知道的情况下，用与“老”有关的词（比如“老”、“拐杖”、“驼背”等）暗示人们，记录他们从实验地点走到电梯的时间，发现被暗示的人们走向电梯的速度明显变慢。用与“成就”相关的词（如“优秀”、“气质”、“能量”等）暗示人们，他们的记忆力会得到改进，面对困难任务时更有持久力。

科学家发现，当“成就”这个词出现在屏幕上 25 毫秒，根本不可能看清，但大脑却记录了下来，并发挥其暗示的作用。因此，我们需要给自己更多正面的心理暗示。每天少 25 秒消极负面的暗示，离开伤感的音乐，停笔伤痛的日志，走出伤心的事件；每天多 25 秒积极正面暗示，去听听身边发生的好事，去看看这个世界的美丽，去想想人生中的快乐。想获得宁静就经常聆听轻音乐，想获得激情就经常听节奏感强的音乐。在家里或者办公室里，摆设一些让你觉得开心、觉得温暖、觉得向往的东西，无论是纪念品、鲜花，还是艺术品。即使你没刻意去看它，或没意识到它，它仍然会对你造成影响，这就是暗示的力量。

成功的企业家，大多是不时地给自己良好的心理暗示——我的运气绝对是好的，我一定会取得成功。这种正面自我暗示是所有成功者都使用过的一种自我调节方式。在某种程度上可以说，正是这种正面自我暗示的心理，加速了他们最终的成功。

小强能量站

一句话、一篇文章都会影响到你的心情，那么我们为何不选择积极正面的语言和书籍，让自己的心情变得积极而愉悦呢？

一份相信、一个信念就会影响你的人生，那么我们为何不选择积极正面的暗示和信念，让自己的人生充满希望和美丽呢？

学会选择正面的自我暗示，让人生充满积极的正能量，让这股潜意识里的正能量为你缔造快乐、成功的一生。

第五节　把热情当成一种习惯

美国作家爱默生说："没有热情，永远干不成大事。"热情是一种素质，更是一种性格。伟大的热情能战胜一切，因此一个人只要有强烈的愿望，想要做成某事，并坚持不懈地追求，他就很有可能达到目的。

全球知名影星尤勃连纳，这位向来以光头造型与敬业精神著称的影帝，在他的演艺生涯中，一直主演《国王与我》这出戏。这出戏从上演那年开始，一直演到他去世那年为止，一共长达 53 年之久。

如果没有热情，你很难想象尤勃连纳能够在他半个多世纪的演出生涯中，始终对同一出戏的演出认真严谨，让观众不断称赞。依据统计，尤勃连纳前前后后一共演出了 4625 场之多。换言之，他平均每五天就演一场。因为他对演戏抱着无比的热忱，所以乐此不疲；因为他的专注，所以他一路走来始终如一；也更因为他能持续练习，不断改进，才能创造出不平凡的事迹。

不少人工作了一段时间之后，突然发现自己成了一个机器人，每天重复着单调的动作，处理着枯燥无味的事情。每天想的不是怎样提高工作效率、提升自己的业绩，而是盼望着能早点下班，期望着上司不要把困难的工作分配给自己。

一个对工作缺乏热忱的人一定是一个无精打采的人，即使所有的机会都来到身边，他也会稀里糊涂地把它们丧失殆尽。对这样的人来说，人生的目标只是过一天算一天，他们不断地抱怨环境、抱怨同事、抱怨工作，在工作中不思进取，在生活中不求上进，不由得陷入职业的困境中。

要想摆脱这样的困境，唯一的办法就是唤起自己的工作热情，带着热忱和信心去工作。一个充满工作热情的人会保持高度的自觉，把全身的每一个细胞都调动起来，快乐地工作，愉悦地与同事相处。

如果两个人各方面条件都相近，那么，更热情的那一位一定能更快达到成功。一个能力平庸，但是很热情的人，往往会胜过能力出众却缺乏热情的人。一方面，他的热情能弥补能力的不足；另一方面，只要有热情，他一定会努力工作、勤奋学习，从而提高自己的能力。

热情是一种强劲的激动情绪，一种对人、事、物和信仰的强烈情感。热情会给你的工作带来最好的生产力，同时会使你的生活洋溢出浪漫、温馨的气息。一个人可以没有金钱，但他不能没有精神；一个人可以没有权势，但他不能没有生活的热情。美国文学家爱默生曾写道：“人要是没有热情是干不成大事业的。”大诗人乌尔曼也说过：“年年岁岁只在你的额头上留下皱纹，但如果你在生活中缺少热情，你的心灵就将布满皱纹。”

我们生活中绝大多数人都在过着一种循规蹈矩、平平淡淡的日子，这没有什么不好。但为什么我们会觉得生活没有什么意思呢？这是因为我们心灵深处的某些东西受到了压抑，认为也没有“临危不惧的英雄本色”、“天降大任于斯人”等诸如此类大显身手的机会，很多人失去了热情与活力，留下的只是一种疲惫懈怠。

作家叶天蔚曾经写过这样一段话：“在我看来，人生最糟糕的境遇不是贫困，不是厄运，而是精神心境处于一种无知无觉的疲惫状态，感动过你的一切不能再感动你，吸引过你的一切不能再吸引你，甚至激怒过你的一切也不能再激怒你，即使是饥饿感和仇恨感，也是一种强烈让人感到存在的东西，但那种疲惫会让人不住地滑向虚无。”

这是一种很可怕的状态，也许你不可能换一种更能激起你热情的工作，也许你更不能去重新组合家庭，但你可以改变心态，给生命画布中适当地增加一些色彩，如红、黄、蓝，保持住心灵的年轻与弹性。其实生活本身与世界本身都是多姿多彩的，关键是看你有没有一颗善于捕捉的心。

晴天雨雪，酷暑严霜，一日三餐，朝九晚五，也许生活环境难以改变，但你可以改变心情。永远怀着感恩的心情去体验造物主的厚赐，带着积极的心态去体会每一点变化的不同。你可以有无数种改变可选择，把一潭波澜不兴的死水变成欢快奔流的小溪。

工作地点没变，你可以换换上下班的方式或乘车路线，如你每天骑自行车，今天你可以乘坐公共汽车，观察一下周围匆匆忙忙的各种表情的人群；工作内容没变，但可以换一种方式看看是否提高了效率，或许会得到意想不到的结果；周末是否全家出去看场美国大片；节假日是否狠心去吃顿大餐，体会一下到豪华场所消费的快感；安排些力所能及的旅游项目，去看看秋叶泛黄显红、万里长城的雄伟；试着动手拆装自行车、电视机，看自己是否比你想象中的还要心灵手巧；等等。培养一些适合自己的业余爱好，坚持下去你就会发现其乐无穷。

热情是发自内心的，是从心中油然而生对人的友好、友善、热爱。一个人生活在世上，不是一个单纯的个体，生命是父母给予的，成长却是社会赋予的。让自己充满热情，不仅是对生命的负责，更多的是对亲人对社会的负责。

美国最伟大的总统罗斯福，身残志坚，充满着对生命的热爱和对生活的热情，他用心对待每一件事、每一个人，深受美国人民的爱戴。就连他的仆人安德烈的妻子一个小小的愿望，他都放在心上，进而想办法来满足她。

有一天，安德烈的妻子问罗斯福总统野鸭是什么样子的，因为她一生没有离开过华盛顿，没有机会到野外看野鸭，罗斯福总统耐心地向她描述野鸭的模样和习性。第二天，安德烈屋子里的电话响了，电话那头传来罗斯福总统的声音，那声音告诉安德烈的妻子，他们楼下院子里的草地上有一只野鸭，安德烈的妻子不仅看到了野鸭，更看见了对面窗户里罗斯福总统微笑的脸庞。跟这样一位充满热情和关怀的人在一起，怎能不让人感动呢？

热情可以获得友谊，对一个人热情就等于你在生活中多交了一位好友，热情是生命中不可缺少的。热情无疑是我们人生中最重要的品质，它是一个人生存和发展的根本，是我们潜在的财富。没有热情，生命的天空就会没有色彩。

热情的人容易成功，而冷漠的人不会有成功的人生，因为他的冷漠不仅营造不了成功的环境，反而禁锢了自己的心灵，也就禁锢了一双飞翔的翅膀。热情的人容易快乐，因为他时刻用欣喜的眼光来看待身边的人和事。让热情成为一种习惯，你的人生将充满阳光和乐趣！

小强能量站

热情是一种对待工作、对待生活最愉悦的态度，更是对生命的奖赏。

热情是一份从心中油然而生出对人对事友好、友善、热爱的情感。

热情是一股催发活力、快乐和智慧的神奇力量。

如果你想获得成功和幸福，就要学会对你的工作、你的生活以及你的家人、你的同事充满热情。

热情是你人生旅途中最有效的通行证，把热情当成一种习惯，你的人生将会越来越快乐，越走越顺畅。

第六节　人生的终极目标是幸福

当今社会，人们为了功成名就、为了大富大贵，不停地奔波、不停地忙碌，他们渴望功成名就、大富大贵给他们和家人带来幸福，他们终其一生的努力去追求人生的幸福，他们非常清晰人生的终极目标是幸福！然而他们在追求梦想的时候，无暇观赏沿途的风景，忽略身边暖暖的爱，却不知道幸福就在身边，幸福是时刻都可以享受的，幸福是可以伴随一生的。

有一天在天堂里，西方老太太遇到了东方老太太，看见东方老太太在唉声叹气，就上前与她聊天，东方老太太说：“我这一生最大的追求就想享受住进大房子的感觉。然而，我努力了40年，刚买了一套大房子，没住几年就上了天堂。”西方老太太说：“我这一生的追求也是想享受住进好房子的感觉，只是我和你不同，我在很早的时候就贷款买了好房子，于是我在大房子里享受了几十年才上了天堂。”

人生的终极目标是幸福，那么，如何让自己的人生每一天都能感受到幸福呢？

我们发现，现代人物质生活越来越丰富，幸福指数却越来越低，患抑郁症的人越来越多。多少人误以为财富与名利可以带来幸福，然而亿万富翁相继自杀的数字在持续增长，明星自杀的新闻也不为鲜见。

哈佛大学著名积极心理学导师泰勒博士说：“幸福并不取决于银行账户有多少钱，而取决于你的精神状态！成功不一定会给你带来幸福，但幸福会给你带来更高层次的成功。”

积极心理学之父马丁·塞利格曼从一家企业的15000名营销人员中随机抽取1100名进行5年跟踪调研，结果表明：具有积极心理的人的生产力比消极心理的人高出88%，离职率比消极心理的人低2/3。当你用快乐的情绪工作，你会提高生产力；当你用愉快的情绪与人相处，你会拥有更多生命中的贵人；当你用乐观的态度看事物，你就能够把不好的遭遇变成好事。因此带着幸福感工作会给你带来更高层次的成功，带着幸福感生活会让你的人生更加美好。

马丁·塞利格曼说：“积极的力量让幸福永恒！”那么如何让自己与幸福感长相伴呢？幸福力导师王薇华博士提出：“幸福是一种能力，是可以通过学习来提升的。”以下几种方法是为您提升幸福力的妙方，常练习，幸福便会常伴您身边。

1. 学会转换情绪，学会在3分钟内从消极的情绪中转向乐观

事实上，真正有大智慧的人不会轻易让一些事情影响到自己的情绪，相反，他们总是善于把生活中的不利因素转化为对自己有利的因素。在这个意义上，如果说不能生气的人是懦夫，那么不去生气的人显然是聪明人。

换个角度看问题对我们的情绪驾驭，尤其是对愤怒情绪的化解，有着不可估量的效果。

有一次，曾担任过美国总统的罗斯福家里不幸失盗，被偷走了许多东西。一个朋友闻讯后，特意来信安慰他。罗斯福给朋友回了一封信："亲爱的朋友，谢谢你来信安慰我，我现在很快乐。感谢上帝，因为第一，贼偷去的是我的东西，而没有伤害我的生命；第二，贼只偷去我的部分东西，而不是全部；第三，最值得庆幸的是，做贼的是他，而不是我。"

丢了东西当然让人恼火，该报案就报案，但如果此时一味地陷入愤怒、难过的情绪里，不但于事无补，还会影响后续的工作和生活。反倒是罗斯福这种看待问题的视角，能够让人保持一个平和的心态去对待未来的工作和生活。换个角度看问题，是一种突破、一种解脱、一种超越、一种高层次的淡泊宁静，学会了它，我们就能获得自由自在的乐趣。

2. 学会每天感恩

生活中每一天都有值得我们感恩的事情发生，都有值得我们感恩的人出现。学会在忙碌的脚步中，浮躁的生活里，让心静一会儿，感受一下那些值得感恩的事情和那些值得你感恩的人。

感恩的人经常感到幸福，经常体会到被关怀、被爱和被重视的积极感受，感恩有利于身心健康，有利于提高生活满意度和幸福感，临床研究表明：忽视感恩或不会感恩往往被看成一种心理病症的表现。

当你感恩的时候，大脑会产生多巴胺、5－羟色胺、催产素，血液里会增加复合胺，身体里的这些激素使你的心情平缓，皮肤有光泽。感恩有利于睡眠，有利于提高学习力，有利于提升幸福感。

3. 学会欣赏身边的人和物

每一个人身上都有优点，每一个企业和团队都有其优势，每一个事物都有其闪光点。欣赏身边的人，白痴也会变天才；欣赏身边的人，我们便学会用他人所长补自己所短。

当欣赏成为一种习惯，奇迹就发生了。

有一个男孩子并不聪明，每次开家长会时，他的名字总是列入表现差的学生名单里。幼儿园时的家长会上，老师对他母亲说："你的儿子有多动症，连3分钟都坐不住，你最好带他去医院看一看。"母亲听了后，鼻子一酸，泪花在眼眶里打转。回家路上母亲对儿子说："老师表扬你了，说宝宝原来在板凳上坐不了1分钟，现在能坐3分钟了。其他的妈妈都非常羡慕你的妈妈，因为全班只有宝宝进步了。"那天晚上，小男孩破天荒吃了两碗米饭。

在小学的家长会上，老师对他母亲说："全班50名同学，你儿子考试总是排在第40名。"母亲回到家里对儿子说："老师对你充满了信心。只要你能细心些，会超过你的同桌，这次你的同桌排在第21名。"第二天上学时，小男孩去得比平时都要早。

在初中的家长会上，老师对他母亲说："按你儿子现在的成绩，考重点高中有点危险。"回家的路上，母亲告诉儿子："班主任对你非常满意，只要你努力，很有希望考上重点高中。”

高中毕业了，学校通知领取录取通知书，母亲有一种预感，她儿子会被第一批重点大学录取，因为她对儿子说过，相信他能考取重点大学。男孩从学校回来时，把一封印有清华大学招生办公室章的特快专递交到母亲的手里，然后，转身跑到自己的房间里大哭起来，儿子边哭边说：“妈妈，我知道我不是个聪明的孩子，可是，这个世界上你一直很欣赏我……”听了这话，妈妈再也按捺不住十几年来凝聚在心中的泪水，任凭泪水流下，滴在手中的信封上……

欣赏者必有愉悦的心境和仁爱的胸怀；被欣赏者必产生自尊之心、奋进之力和向上之志。欣赏自己企业和团队的优势，并将其发扬，必创造更大的辉煌。

4. 学会幽默

事实上，幸福是无所不在的。“保持高度的幽默感”是关键之一。“天才老爹”比尔·寇斯比曾说：“你可以把所有的痛苦都用笑声来淹没。只要你能在任何事物上发现它们的幽默之处，那么所有的困难你都能克服了。”

幽默让平凡的生活多了乐趣，让尴尬的事情变得诙谐，让凝重的氛围变得轻松愉悦，幽默是幸福生活中必不可少的调味剂。

5. 学会把注意力放在事物的积极面和背后的价值及意义

凡事都有两面性，时常沉浸在阴暗面，心情就会越来越低落，人生就会越来越迷茫；看到阴暗面的存在，同时看到光亮面，让阳光洒进你的心灵，就有能量去驱除阴暗面，有热情去开创美好的生活。

6. 学会投资自己的成长

当一个人骄傲自大或者不思进取时，他便已经停止成长，从此他的人生也就没有了发展，生命开始黯然失色。只有不断地投资自己的成长，让自己与时俱进，才不会被时代所淘汰。让自己的成长跟随社会发展的步伐，时常感受新的事物，领略新的思维，幸福感便会提升。

小强能量站

人生的终极目标是幸福，而幸福是一种能力，是一种选择，此时此刻我们就可以开始选择感受幸福，因为此刻我们有此书与我们相伴，因为此刻我们正在给自己的心灵注入正能量，因为此刻我邀请你“笑一个”……这一切都源自于你的选择。

幸福是一种心境，不去计较太多的得失。有人说过，爱情是有生命的东西，那么我想幸福也是有生命的东西，它也需要我们好好地珍惜、呵护。

我们可以通过学习与练习来提升我们的幸福力，时常想一想值得我们感恩的事情，时常去欣赏身边的人和物。

第二章
人生是自我设计的蓝图

第一节　不被别人的看法左右

人的一生就是不断做决策、不断做选择的过程。

然而，人生的任何一个决策都有可能受到情绪的影响，而很多失败的决策，往往都是因为没有一个好的情绪状态。

所以，要保证自己的决策和选择是正确的、科学的，就要学会驾驭自己的情绪，不要被别人的看法左右自己的情绪。

在20世纪60年代的美国，有一位很有才华，曾做过大学校长的人，竞选美国中西部某州的议员。此人资历很高，又知识渊博、精明强干，看起来很有希望赢得选举的胜利。然而，选举期间，有个谣言扩散开来：三四年前，在该州首府举行的一次教育大会期间，他跟一位年轻女教师“有那么一点暧昧的行为”。

这其实是竞争对手制造的一个谎言，目的就是激怒该候选人，让他在情绪失控的情况下做出错误的决策。

果不其然，该候选人对谣言非常愤怒，并尽力想要为自己辩解。由于按捺不住对这一谣言的怒火，在竞选的每一次集会上，他都要专门对此谣言进行澄清，以证明自己的清白。

结果是越描越黑。在此之前，大部分选民根本没有听到这件事，但经他几次解释后，人们却越来越相信有那么一回事了。人们振振有词地反问："如果他真是无辜的，为什么要百般为自己狡辩呢?"人们的反应，让这位候选人的脾气变得更坏，同时更加气急败坏、声嘶力竭地在各种场合为自己洗刷，谴责谣言的传播者。然而，这却更使人们对谣言信以为真。雪上加霜的是，连他太太也开始相信谣言，夫妻关系破坏殆尽。

最后他失败了，从此一蹶不振。

因为气急败坏而做出错误的决策，甚至与别人大打出手，这种情况在现实生活中比比皆是。就像这位候选人，他如果不是情绪失控做出了错误的决策，事情会往越来越糟糕的方向发展吗?

结果也许会是另一番景象——电影明星施瓦辛格在竞选州长时，也面对了各种刁难和中伤，可他对此根本不去理会，也不去应答那些无聊的责难。这反而更增加了他在选民中的人格魅力，赢得了更多的信赖和支持，并最终获得了胜利。

当我们愤怒时，情绪会蒙蔽我们的眼睛，会干扰我们的理智，混乱我们的思维，使我们的身心处于一种非正常状态，从而做出不理智的决策和选择。这种选择，足可以让我们毁灭。

驾驭不了情绪的人，也控制不了局势。在现实生活中，每个人都难免会碰到一些让人愤怒的事情。如果你能够管理好自己的情绪，而不让情绪反控，就不会陷入生气和抑郁之中，事情也就较容易得到解决，因而不会演变得更糟。

一般来说，自制力强的人更容易在生活和事业上获得成功，因为他们比自制力弱的人更容易抓住机会。看看你身边的人，然后再认真反省一下自己，是否因不能自制而让很多事情变得更糟？或者丧失掉了很好的机会？

生活中从来都不缺少机会，只是许多人因为不够冷静而总是与之擦肩而过而已。比如，老板批评你是因为恨铁不成钢，但你却因为公然顶撞而失去了晋升的机会；你为一点小事而与客户争吵，结果失去了客户的订单；你忍不住嘲笑同事的出丑，结果失去了这位同事的支持……

当你因为不够冷静而得到了糟糕的结果时，你的情绪会进一步变得更糟。这最终会形成一个恶性循环，使你陷入失败中不能自拔。所以，我们一定要做一个冷静、理性的人，时刻在理性的思维下明是非、知进退，甚至把坏事变成好事。

一个人的成功需要不断做出正确的决策，而失败，则很可能只缘于一个坏情绪导致的不理性决策。那么，何不学着练习驾驭情绪，避免任何一个可能让你做出错误决策的坏心情呢？

没有主见的人，最容易受别人情绪的感染。所以，我们要学会做一个有主见的人。

人生在世，许多事情都要自己面对，自己做判断、分析，自己做决策。所以，无论是要走的路还是要做的事，甚至是自己的情绪，都需要我们有主见，不轻易被别人的坏情绪影响。

一群青蛙在高塔下玩耍，其中一只青蛙建议，“我们一起爬到塔尖上去玩玩吧。”众青蛙都很赞同，于是它们便聚集在一起相伴着往塔上爬。

爬着爬着，有的青蛙觉得不对，“我们这是干嘛呢，这又干渴又劳累的，我们费劲爬它干嘛?”大家都觉得它说得不错。于是青蛙们都停下来了，只剩下一只最小的青蛙还在缓慢地坚持着。

它不管众青蛙怎样在下面鼓鼓噪噪地嘲笑它傻，就是坚持不停地爬，过了很长时间，它终于爬到了塔尖。这时，众青蛙不再嘲笑它了，而是在内心里都很佩服它。等到它下来以后呢，大家都敬佩的不得了，就上去问它说，到底是一种什么样的力量支撑着你自己爬上去了?

答案很是让人出乎意外：原来这只小青蛙是个聋子。它当时只看到了所有人都开始行动，但当大家议论的时候它没听见，所以它以为大家都在爬，它就自己在那儿晃晃悠悠不停地爬，最后就成了一个奇迹——它爬上去了。

这是一个令人深思的故事。我们知道，任何一个具有正常思维的人，都不会漠视他人对自己的评价。我们在日常生活中的语言和行为，无不遵循种种的社会规则甚至道德规则，就是为了不授人以柄，成为别人嘲笑议论的对象。然而，故事中的青蛙却因为没有被群体的意见所左右，从而创造了一个小小的奇迹。那么，假设小青蛙不是聋子，听到其他青蛙的议论它还会冒着干渴和劳累继续往上爬吗?在其他青蛙的嘲笑声中它还能一如既往地坚持自己的目标吗?

做人也是如此。很多时候，他人的议论，他人的评价，他人的观点，他人的态度都会对我们的情绪和行为产生极大的影响。比如，赛场上的观众反应，即使不能影响到运动员的成绩，至少也会影响到运动员的士气和情绪。

他人的意见往往会成为我们自己行为的镜子，我们总是在别人的目光中调校着自己的人生坐标。但是，一旦这样做，我们就会成为一个没有主见的人。我们的行为，我们的情绪，就会完全被他人驾驭，受他人影响。

要想做一个有主见的人，就不能太在意别人的说法和看法。当我们认准了目标，并决心要实现这个目标时，就要有“走自己的路，让别人去说吧”的勇气。现在有一个特别流行的词叫“淡定”，说的就是我们要保持平和的心态，不受别人、环境的影响；要为自己的情绪做主，不要失去了主见。

当然，有主见并不是说特立独行，自己说的、想的就去做，别人说得就不照做。主见实际上是对任何事都有正确的想法，可能和别人的想法一样，也可能不一样。所以，想成为有主见的人，必须要明白有主见也可以是和别人做同样的事。如果认为只有做和别人不一样的事才叫有主见，那么我只能说这种人的主见是不成熟的。

小强能量站

人生在世，并非每个人都会欣赏你，但你要学会欣赏自己。即使你并不完美，但你身上有独特的优势，而这些已经深深地吸引了你身边许多人。

坦然地面对那些批判和攻击自己的人，那是因为他们缺少了一双智慧的眼睛。做一个有主见的人，勇敢地面对自己的选择，只有把它做成功了，才没有人说你的选择是错误的。

做一个有主见的人，不仅是表现在对事情的判断和决定上，也包括对自己情绪的管理上。当你身边的人比较消极的时候，要向他传递你的正面情绪，而不是被他拉入消极情绪的旋涡。

第二节　主动赢得更多机会

古人云："千里马常有，而伯乐不常有。"实际上，千里马遇不到伯乐，更多的时候是因为它没有主动去寻找伯乐。在没有遇到伯乐的时候，何不先让自己成为自己的伯乐，主动去争取机会呢？

小王在一家合资公司做白领，觉得自己满腔抱负没有得到上级的赏识，经常想：如果有一天能见到老总，有机会展示一下自己的才干就好了！

小王的同事甲也有同样的想法，他更进一步，去打听老总上下班的时间，算好他大概会在何时进电梯，他也在这个时候去坐电梯，希望能遇到老总，有机会可以打个招呼。

他们的同事乙更进一步。他详细了解了老总的奋斗历程，弄清了老总毕业的学校，人际风格，关心的问题，然后精心设计了几句简单却有分量的开场白，在算好的时间去乘坐电梯，跟老总打过几次招呼后，终于有一天跟老总长谈了一次，不久就争取到了更好的职位。

愚者错失机会，智者善抓机会，成功者创造机会。机会只留给有准备，并创造条件，善于争取的人。

有一个年轻人在一家公司上班，他工作很努力，也肯定自己有能力可以承担更大的责任。

于是他主动写了一封信给老板，信中提出了对公司许多问题的看法。不过在信末，这个年轻人问了一个对他自身很重要的问题，他问老板：“我能否在更重要的位置上担任更重要的工作？”

不久老板回信了，除了响应年轻人的想法之外，也针对他的提问有所回答。老板决定调这个年轻人去负责新厂机器安装的工作，而如果年轻人愿意接受新工作的挑战，也同时必须要接受不调整职位、不加薪的心理准备。在信封里还附有一张年轻人完全看不懂的施工蓝图。

年轻人对于这个新工作并不擅长，要在短时间之内搞懂一切也并非易事，家人希望他一动不如一静，好言相劝希望他不要冒险。

年轻人也深知这一点，不过他却不那么想，因为他认为这是一次机会，一个可以让自己表现的机会。即使压力排山倒海而来，甚至付出与获得没有办法画上等号，他也决心放手一试。

从决定那一刻开始，他全心全意地研究图纸，向有关的人员请教，不懂的地方就主动去图书馆找资料。他不放过任何的细节，用心把老板所交代的事情做好。

虽然很辛苦，但是他觉得在专业上有了极大的进步。令人欣慰的是他提前完成了老板交代的工作，他的成绩给了公司同人非常大的鼓舞。

老板在完工后主动给年轻人写了一封信，信中老板告诉年轻人，他知道年轻人并无该工作的相关经验，于是决定进行这次考验，看年轻人会选择退缩还是积极面对挑战。

而事实证明年轻人完成了这个任务，并且能迅速接受新的知识，能够统合团队超越预期目标，这证明年轻人是个足堪大任的人才。

在信末老板也告诉了年轻人两件好消息：一个是他被荣升为总经理，另一个是薪水也调整了，年薪比以前提高了十倍。

每个人都想要过更好的生活，但却迟迟不肯行动。当我们习惯于安逸稳定的环境时，我们也慢慢丧失了追求成功的勇气。如果我们能够积

极努力去争取，一遍遍地尝试，总会找到属于自己的机会的。

在一次讲座上，老师对台下的听众说："想要赚钱的人请举手！"

台下的人都举起了手。

老师又说："想让自己成为成功人士的请举手！"

台下的人也都举起了手。

老师最后说："目前已做到的请举手！"

台下没有人举手了。

老师笑了笑，问大家："你们想成功想了多久？"

只有欲望没有行动的人，不但无法获得成功，还会变得越来越浮躁。因为欲望不会消失，而实现欲望的途径又似乎有千万条，今天看着这种方式可以赚钱，明天又发现有更好的途径可以赚钱。结果，浮躁情绪自然而然地就会诞生。

这个世界上不缺少有想法的人，但缺少积极采取行动、主动争取机会的人，尤其缺少能在一条路上风雨兼程走到最后的人！培根说："好的思想，尽管得到上帝的赞赏，然而若不付诸行动，无外乎痴人说梦。"索福克利斯说："天不助懒人。"可见，任何想法，只有付诸行动，才能获得成功。

孙正义是有名的"网络投资皇帝"，也是国际知名的"电子时代大帝"。他在当时联合了中国国内的几家机构搞了一个项目评估会，打算挑选一些有潜力的公司进行投资。马云正是抓住这个机会，主动争取与孙正义见面。

当时，项目评估会的协调人告诉马云："你只有6分钟的时间能够讲解，然后大家提问题。如果6分钟听完了以后，大家对你没兴趣，也没意思，没什么机会你就走人了；如果大家对你这个话题感兴趣，大家互相提问的时间会长一点。”

如何在6分钟的时间内把阿里巴巴的电子商务计划说清楚并让投资方感兴趣？马云的语言天赋在此时发挥了巨大的作用。据当时参与项目评估的UT斯达康中国区总裁兼CEO吴鹰回忆，他不太懂电子商务，因此对马云的讲解听得云山雾罩，但他能够感觉到马云非常有激情，而且讲解得也还是很清楚。

孙正义则不然，在听了马云五六分钟的介绍后，他就初步了解了阿里巴巴的商业模式。所以，他立即做出了投资的决定。“你们这个公司能做成全世界一流的网站，要做，要做，就你们这个网站有希望。”他对马云说：“马云，我一定要投资阿里巴巴。”

没多久，马云到了东京，和孙正义具体谈融资细节。一见面，孙正义单刀直入：“我们怎么谈？”

这一次，马云又主动出击。他说：“钱不是问题，但你必须同意我的三个条件。第一，希望你亲自做这个项目；第二，你要用自己口袋里的钱投阿里巴巴；第三，公司的运作必须以客户为中心，以阿里巴巴长远发展为中心，不能只顾风险投资的眼前利益。”

几分钟内，双方就达成协议。2000年1月，双方正式签约，软银投入2000万美元帮助阿里巴巴拓展全球业务，同时在日本和韩国建立合资企业。

马云有了一个伟大的梦想，他积极采取行动，主动争取合作的机会去实现它。然而，回头看看身边的人，再想想自己，我们是不是总是想得多干得少？是不是有好多“伟大”的计划都胎死腹中？

那些成功的人士都是永远在争取的人，他们愿意一次一次地尝试，

即使失败了，也把它当作是学习的机会。因此，只要你决心够、愿望强，任何困难，都会因为你的争取，而成为你突破人生的基点。

小强能量站

人生不只要希望，还要创造。而有的人是活在“希望”里，却没有迈出脚步去“创造”，所以他的人生更多的是“失望”。

一切皆有可能，有好的想法，就要积极主动采取行动，这会为你的梦想插上翱翔的翅膀，这将为你的人生带来漂亮的转折点，这终将会为你的事业带来卓越的成果。

第三节　用心做好每件事

梦想总是有趣且激动人心，每个人都希望梦想成真，然而，有时望着远大的梦想，却觉得成功似乎远在天边，遥不可及，为此，容易产生无力感，甚至会感到失望和挫败。有时会因为梦想的远大而产生倦怠和不自信，让我们怀疑自己的能力，甚至放弃努力。其实，我们不必想以后的事，一年甚至一月之后的事。

只要想着今天我要做些什么，明天我该做些什么，然后努力去完成每一件事，就像钟表一样，每秒“滴答”摆一下，成功的喜悦就会慢慢浸润我们的生命。

有一个 3 只钟的故事。

一只新组装好的小钟放在了两只旧钟当中。两只旧钟“滴答”、

“滴答”一分一秒地走着。

其中一只旧钟对小钟说：“来吧，你也该工作了。可是我有点担心，你走完三千二百万次以后，恐怕便吃不消了。”

“天哪！三千二百万次。”小钟吃惊不已。“要我做这么大的事？办不到，办不到！”

另一只旧钟说：“别听他胡说八道。不用害怕，你只要每秒滴答摆一下就行了。”

“天下哪有这样简单的事情。”小钟将信将疑。“如果这样，我就试试吧。”

小钟很轻松地每秒钟“滴答”摆一下，不知不觉中，一年过去了，它摆了三千二百万次。

任何成功都是由一点点的小事情、小成功积累出来的，不必跳脚远望那看不到头的目标，认真做好眼前的每一件事，你都是向着目标迈进了一步。

你每一天的努力，即使只是一个小动作，持之以恒，都将是明日成功的基础。所有的努力，所有一点一滴的耕耘，在时光的沙漏里滴逝后，萃取而出的成果将是掷地有声、众人艳羡的“成功之果”。

有一位长跑冠军，记者采访他的时候问道：“为什么你每次长跑都能获得冠军？”这位冠军说：“每次参加长跑比赛前，我都会在跑道边上找到阶段性的目标，比如第一个目标以跑道边上的一棵树为准，第二个目标以跑道前面的一根电线杆为准……我把长跑分成了一个又一个阶段性的小目标，然后我轻松地告诉自己，我需要努力达成的目标是跑向那棵树，然后再跑向那根电线杆……于是我就轻松地跑完了全程。”

伟大的梦想是由无数个阶段性的小目标累积达成的，实现伟大的梦想就从用心做好每一件事情开始。用心做好每一件事情，无论是曾经的读书计划，还是人生的职业规划，实现起来并不是那么难。

为你的人生设计一个雄心勃勃的计划，并在这个过程中设定一些阶段性的小目标，逐步去实现，总体目标也就达成了。完成这些小目标可以帮助你追踪自己的进步，并防止你在中途感到烦闷气馁。设定能够做到的小目标的另一个好处是，即使无法达到终极目标，你也在这个过程中取得了其他的一些成绩。

人生有了梦想才有动力，而追求梦想成功的人生，势必要求我们敢于行动，及时行动，善于行动。然而，风霜的磨砺和肩上的重担往往会让我们不知所措，那么，从现在开始，用心做好每一件事情。

随着年龄的增长，日复一日地从事着近乎平凡而单调的工作，使我们感觉梦想渐行渐远，我们常常不知道自己为什么而做。

一只小毛虫趴在一片叶子上，用新奇的目光观察着周围的一切：各种昆虫欢歌曼舞，飞的飞，跑的跑，又是唱，又是跳，到处一片生机勃勃。只有可怜的小毛虫被抛弃在一旁，既不能跑，也不能飞。

小毛虫费了九牛二虎之力，才能挪动一点点，当它笨拙地从一片叶子爬到另外一片叶子的时候，它觉得就像是周游了整个世界。

尽管如此，它并不悲观失望，也不羡慕别人。它懂得：每个人都有自己该做的事，只要做好自己的事就很好了。它这样的一只小小的毛毛虫，应该学会吐纤细的银丝，为自己编制一间牢固的茧房。

小毛虫一刻也没有迟疑，尽心竭力地做着自己的工作，临近期限时，它把自己从头到脚都裹进了温暖的茧子里。

“以后会怎么样?”与世隔绝的小毛虫问。

“一切都会按自己的规律发展，你只要认真做好每一件事就可以了。”小毛虫听到一个声音在回答：“要耐心些，以后你会明白的。”

有一天，小毛虫突然醒过来，它灵巧地从茧子里挣脱出来，但它已不再是以前的那只小毛虫了。它惊喜地发现自己身上生出一对轻盈的翅膀，上面布满了色彩斑斓的花纹。它高兴地舞动了一下双翅，竟像一团绒线，从叶子上飘然而起，它飞呀，飞呀，渐渐地消失在蓝色的暮霭之中。

用心做好每一件事情，不积跬步，无以至千里；不积小流，无以成江海。

有一位画家，举办过十几次个人画展。他给我讲了一件事情：小时候，我兴趣非常广泛，也很要强。画画、拉手风琴、游泳、打篮球，必须都得第一才行。这当然是不可能的。于是，我心灰意懒，学习成绩一落千丈。

父亲知道后，找来一个漏斗和一捧玉米种子。让我双手放在漏斗下面接着，然后捡起一粒种子投到漏斗里面，种子便顺着漏斗滑到了我的手里。

父亲投了十几次，我的手中也就有了十几粒种子。然后，父亲一次抓起满满的一把玉米粒放在漏斗里面，玉米粒相互挤着，竟一粒也没有掉下来。

父亲对我说：“这个漏斗代表你，假如你每天都能做好一件事，每天你就会有一粒种子的收获和快乐。可是，当你想把所有的事情都挤到一起来做，反而连一粒种子也收获不到了。”

千里之行，始于足下。摒弃浮躁，就要学会脚踏实地。一个人要想成功，光羡慕是羡慕不来的，要也是要不到的，只有减少浮躁，脚踏实地，从小事做起，有了想法就付诸行动，我们才能有成功的机会。

千里之行始于足下，万丈高楼平地起。欲速则不达，有梦想，有使命，但不必急功近利。

学会志存高远，更要学会脚踏实地，用心做好人生中的每一件事情，成功已经在一步步向你靠近。

第四节　过程总比结果有趣

过程浮躁，结果通常就会出问题。理论上讲，过程和结果是一体两面，相辅相成的关系。没有好的过程，通常就不会有好的结果。有了好的过程，结果通常也不会太坏。所以，我们无论做什么事，都要重视结果，关注过程。

1982 年，佛罗里达航空公司一架飞机失事造成了 74 名乘客丧生。这趟由华盛顿特区飞往佛罗里达州的常规航班，全体机组人员经验丰富，正副驾驶员身体状况良好，毫无疲惫，也没有任何压力或其他影响。那么究竟是什么出了乱子？

经过彻底搜索推理后发现，原来起飞前的全机检查就是罪魁祸首。当时驾驶员按照表单开始例行检查，确保每个开关都一如既往到位。其中的开关之一就是防结冰装置。而当天正副驾驶员作所有检查时都不经思考，完全像往常一样流于形式。当检查进行到防结冰装置时，他们按照惯例关闭了该装置。然而，这一次航班有别于以往经验：与平时飞行在温暖的南方不同，这次是冰天雪地的北方。

当驾驶员按照惯例对每个控制器轮番检查时，他看上去像是在思考，但实际上他根本就没有动脑子。而导致这一切的罪魁祸首，就是以结果为导向的做事思维。它让我们变得浮躁，让我们心不在焉，让我们缺乏专注力。

虽然说缺乏专注力的原因可能各种各样，但其中一个另类但是贴切的解释是——它与我们的启蒙教育有关。从幼儿园开始，学校教育就更注重结果，而不是学习的过程。这种单纯追求结果的思维，从系鞋带到考大学，都让我们难以形成全面的专注思考。

当孩子们开始一项新的活动时，大人们往往要求他们要达到某个目的。此时，孩子们就会担心“我能行吗?”或者是“万一我没有做到怎么办呢?”大人对孩子的要求实际上表明输赢的结果事关重大，他们没有去关注孩子与生俱来的强烈好奇心以及探求心。由此，孩子们关注的东西不再是画笔的色彩、纸张的设计或者其他可供选择的形状，他们开始把得到结果当作写作绘画的目的。

很多时候，我们对孩子的表扬也是更多的表扬结果，而不是表扬过程。当孩子考试成绩排名第一的时候，我们就会欣喜、骄傲地为他竖起大拇指：“宝贝太棒了，考得了第一名!”当孩子懂独自上学校的时候，我们就会表扬他：“宝贝好能干啊，懂自己上学了!”当孩子出色地完成一项任务的时候，我们就会肯定他：“宝贝把这件事情做得这么出色!”最终大家关注的都只是结果。

科学的表扬方式应该是表扬获得成功的过程，比如，当孩子考试成绩排名第一的时候，除了表扬他获得了第一名之外，更应该亲切地问问他：“宝贝，你是怎么做到考试成绩排名第一的?”他就会告诉你：“因

为我上课很认真听讲，很认真做笔记……”然后你就表扬他：“哇！宝贝上课这么认真听课，还这么认真做笔记，好样的！”以后他就会更加专注于认真听课、认真做笔记，这样还怕他以后成绩不好吗？如果他只关注考试的成绩，那么他会因为偶然一次考试成绩不好而沮丧，甚至有人会为了考试成绩而作弊。

以结果为导向的教育，使得人们在只专注于结果的同时，往往出现浮躁情绪。结果，由于缺少专注力，导致了各种潜在风险的增加。

在我们一生当中，以结果为导向总是会引起这样那样的心不在焉。当我们知道如何解决一个问题时，我们便不再觉得自己有必要潜心去做了。如果我们觉得对某事熟悉了，便只注意那些细节，只图把事情做对就万事大吉。

相反，如果要去做并不熟悉的事情，我们可能会因为失败的念头萦绕在心，从而忽视了自己和他人行为的细微区别。这样一来，在面对当下时，我们变得“缺乏专注力”，尽管我们貌似专注于那些与结果有关的问题。

相比之下，以过程为导向的思维模式，不是质疑“我能行吗？”而是自问我应该如何来做。由此我们就会开始思考要达成这个目标，各个必要的步骤该如何运行。可以称这类导向为“没有失败一说，只因方案不奏效”的指导原则。

很多公司制定的奖励计划都是奖励成果，使得公司全体人员只关注成果，拿到成果的人高兴，拿不到成果的人倍感挫败，甚至抱怨公司这不完善、那不完善，很少去反省自己的行动量够了没有，自己寻找的客户对了没有，自己的心态正确了没有。当卓越乐活国际教育集团意识到这些，开始为公司制定“百日行动奖”，凡是在百日内完成既定的拜访量，完成既定的工作，并按质按量地召开小型招商会，都可以获得奖励。不可思议的是，所有市场人员的行动量比过去大了，工作热情比过去高涨了，成交率比过去高了。

为了结果，忽视过程，会使人浮躁，会使人失去成长的觉察与灵性，导致急功近利、不择手段。使得心力交瘁，失去过程中的乐趣和热情，甚至心生怨气。然而，关注过程，把过程做到极致了，美好的成果自然呈现，并且能在过程中享受到快乐和激情。过程总比结果有趣，重视过程，关注过程，是人生品质的保证。

小强能量站

专注于过程，学业和事业的道路上会增添更多的乐趣；专注于过程，可以让人不急躁，不投机取巧；专注于过程，会让我们应用更有效的方法实现更美好的结果。

当你成功的时候问一问自己，这个过程中你做了些什么，从而带来今天的成功？当你失败的时候，问一问自己，这个过程中你需要调整的是什么？当你正在做一件事情的时候，问一问自己，这个过程中我需要考虑的因素有哪些？我需要采取的行动有哪些？

第五节　因为自信所以成功

自信是每个人走向成功过程中的助力器。相信自己一定能够成功的人，离成功也就又近了一步。不要因为自己出身寒门就没有自信，不要因为自己暂时没有成功就认为自己没有用，不要觉得这个不行、那个做

不到。阿里巴巴创办人马云第一次高考落榜，先后参加了三年高考，他的数学成绩只有1分，那1分都不知道是怎么考的，如今马云却成为中国首富！其实只要你去努力，就有很多成功的机会。王侯将相，宁有种乎？

自信能让我们成为自己想成为和能成为的人，缺乏自信常常是性格软弱和事业不成功的主要原因。

有一个美国外科医生，他以高超的面部整形手术闻名遐迩。他创造了很多奇迹，经整形把许多外表丑陋的人变成面部非常漂亮的人。渐渐地他发现，某些接受手术的人，虽然为他们做的整形手术很成功，但是仍然找他抱怨，说他们在手术后还是不够漂亮，说手术没什么成效，他们自感面貌依旧。

于是，医生悟出这样一个道理：美与丑，并不仅仅在于一个人的本来面貌如何，还在于他在心里是如何看待自己的。

一个人如果自惭形秽，那他就不会成为一个自信的人，同样，如果他总是觉得自己很笨，那他就成不了聪明人；如果他不觉得自己心地善良——即使在某些时候还做做好事，那他也成不了善良之人。

拥有积极的心态，你就能成为你希望成为的人，甚至能成为比你希望的更好的人。你是否拥有积极的心态呢？你相信自己会拥有吗？拥有积极心态是一种能力和自信的表现，如果对自己的能力有自信，珍惜和把握你身边良好的客观条件，真正的幸福就不会和你擦肩而过。

当然，仅仅只是对自己有信心还不够。你必须同时将信心传递给他人，用自己的自信感染他人。只有让所有人都能感受到你的自信，受到你的自信心的感染、鼓舞，你才能更好、更快地获得成功。

有位毕业于名牌学校的年轻人，很幸运地进入一家知名公司工作。刚进入公司的时候，他是一个小小的办公室文员，每天就是为老员工跑跑腿、倒倒茶。但是，他并没有因此而感到沮丧，他认为这也是一种磨砺，是人生的必经阶段。他想，自己有满腹的才华，一定会得到重用的，总有一天自己会做出一番成就。

由于总是充满自信，心态又乐观积极，时间一长，这位年轻人的举动赢得了同事们的好感，开始有越来越多的人提携他。而公司领导，也开始安排他负责公司的重要客户，同时还给他许多外出学习的机会。

渐渐地，这位年轻人的工作能力体现出来，他为公司争取到了很多的客户。许多客户都对他称赞不已。此时，那些曾提携帮助过他的同事却纷纷感受到了他带来的压力，开始慢慢疏远他。这让年轻人一度陷入了迷茫和郁闷之中。后来，他终于想通了，原来真正的自信，不仅仅是要激励自己前进，同时也要激发他人的自信和潜力。于是，他开始像原来一样向老员工请教问题，向他们学习经验，同时适时表现出自己的不足，在老员工面前出错。他也没忘记适时地赞美老员工的能力，尊重他们的意见。

在他的感染下，没多久，老员工又接受了他。并且，在大家的互相鼓励下，所有人的业绩都提升了许多，所有人也越来越自信满满。这个时候，对于年轻人的升职，大家再也没有什么不满了，而只是由衷地高兴。

如果不能把自信的能量传递给他人，而只是个人的自信，那么在他人看来，你就不是自信，而是自傲。事实上，很多人都会犯这样的错误。他们面对任何挑战都自信满满，永远不言放弃。他们认为自己的这种表现是自信的表现，殊不知在别人看来，他们固然自信，但同时未尝没有自傲的成分在内。

其实，真正的自信应该是让所有人都感受到你的积极向上，从而带动所有人的工作热情。像故事中的年轻人，当他认识到这一点后，就采取了向同事展现自己的缺点来重新获得他们的信任，然后再一点点激发他们自信的方式。这就是传递正能量的一种技巧。

尊重、赞美和鼓励都是传递正能量的有效方式，它们可以让别人更加自信，更加敢于表达自己的观点。所以，在人际交往中，我们要学会尊重、赞美和鼓励他人，因为每个人都会渴望成功和肯定。

要将自信传递给他人，就不要吝惜你的赞美和尊重。因为每一个人都渴望着阳光和温暖，所以，在人际交往中，我们不妨将阳光和温暖传递给他人，让自信的笑容也绽放在他人脸上！

能将自己的自信传递给他人的人，不但能受到同事的欢迎、老板的赏识、客户的认同，同时也能让自己受益匪浅。在人际交往中，最受欢迎的就是向别人传递积极情感的人，所以，我们不妨展露自己自信的笑容，将赞美和尊重赠给他人。

与人交往中的胆怯心理、紧张情绪，大都因为缺乏自信。实际上，并不是自己不行，而是自卑心理作怪。因此要战胜自卑感，增强自信心。

林肯出身于一个农民家庭，他曾是一个内心自卑却又渴望成功的人。他当上总统后，复杂的政事令他患上了严重的抑郁症。他常常失眠，精神紧张，甚至对生活感到绝望。但是，后来他却在没有心理医生帮助的情况下调整了过来。

原来，他喜欢上做一件事情，那就是剪报。他每天都会剪下报纸上人们对他赞誉的话语，然后揣在口袋里。在每一个重大会议召开之前，在每一次情绪紧张的时候，他就会掏出一张纸片，然后给自己鼓劲，以舒缓紧张的情绪。他遇刺后，人们在他的上衣口袋里发现了那些赞美他的报道纸片。

对于性格内向、自尊心过强的人来说，因为自卑心理作怪，往往认为自己不如别人，怕别人看不起自己，怕丢面子。其实，别人的看法并不重要，你的进步和你的快乐才是最重要的，更何况生活中有很多人一直在欣赏你，一直在鼓励你，一直对你充满了信心。

自信是自我推销的前提，一个没有自信心的人，不可能成功地推销自己。因此，要克服人际交往中的紧张情绪，必须战胜自卑感，增强自信心。那么，如何才能有针对性地提高自信心，以缓解自己在人际交往中的紧张情绪?

首先，我们要敢于突出自己。我们知道，无论是各种形式的会议还是各种类型的课堂上，后面的座位总是首先被人坐满。这其实就是没有自信心的表现——人们不希望自己太显眼，所以就把自己放在了不显眼的位置。

要提高自信心，我们就要在这类场合敢于坐到前面。因为将自己置于众目睽睽之下是需要足够的勇气和胆量的。久而久之，这种行为成为了习惯，自卑也就在潜移默化中变为了自信。

其次，我们在与人交流时，要用正视的目光看着对方。一个人的眼神可以传递出微妙的信息：不敢正视别人，意味着自卑、胆怯、恐惧；躲避别人的眼神，则可能意味着你心里的阴暗、不坦荡的心态。而正视对方则是在告诉对方：“我是诚实的、光明正大的，我非常尊重你、喜欢你。”所以，正视对方，既是积极心态的反映，也是自信的象征。事实上，越是因为紧张而不敢正视对方，你可能会愈加紧张，这是一种恶性循环。

最后，我们一定要充分利用各种当众发言的机会，练习当众发言的胆量。

面对一群人侃侃而谈是需要勇气和胆量的。有的人非常有能力，但只要一当众发言，哪怕是自己最熟悉的事情也磕磕绊绊，甚至紧张地说不出话来，这就是没有自信心的表现。要想改变这一现状，就要练习自己当众发言的胆量，不论参加什么会议，每次都主动发言。事实上，有许多原本木讷甚至有口吃的人，都是通过练习当众讲话而变得自信起来的。如英国剧作家萧伯纳、日本政治家田中角荣、古雅典的雄辩家德谟斯梯尼等，都是通过这种方式提高了自己的自信心。

其实，如果你知道在一个相互都不熟悉的聚会上，有 90% 的人都在等待着别人来与自己打招呼，你就知道人际交往中的紧张情绪是多么常见。而如果你能主动走到别人的面前，主动与他们交谈，那么你将会成为那充满自信心的 10% 。当你尝试着向陌生人伸过手去，并主动介绍自己时，你会发现这比被动地站在那里要轻松、自在多了。一旦这种做法成为习惯，你就会摆脱人际交往中的紧张情绪，变得洒脱自然起来。

自信从模仿自信的人的言行举止开始，谁是你的榜样，谁是你的偶像，你就一点一滴地去模仿他的言谈举止吧。

自信就在你的举手投足之间，自信就在你的喜眉笑眼之间。

小强能量站

自信，是一种吸引力，它吸引了众人对你的信心；自信，是一种凝聚力，他凝聚了周围的人对你的忠心；自信，是一种感染力，它感染你身边的人满怀热情；自信，是一种成功力，它推动着一个人、一个团队勇往直前。

第六节　幽默成就社交达人

幽默是人际交往的润滑剂，幽默会拉近你与对方的距离，幽默会使你有亲和力，幽默会令别人发笑。当别人笑的时候，防卫就会解除，心门就会打开；当别人笑的时候，你就更容易输入信息到他头脑里。

英国戏剧作家萧伯纳说过，没有幽默的语言是一篇公文，没有幽默感的人是一尊塑像，没有幽默感的家族是一间旅店。萧伯纳告诉我们，幽默能带给大家快乐。风趣幽默的人总是充满了魅力。

幽默是人际交往的灵丹妙药，幽默会表现出一种诙谐、一种才能、一种智慧，让人在轻松有趣中悟出其中的哲理。凡是拥有卓越口才的人，都会讲故事、说笑话。

有一位烟草商人，在集市上大谈抽烟的好处。突然，有个老人走上台前，大声对台下的人说："先生们，女士们，抽烟的好处，除了这位先生讲的之外，还有三大好处。"

商人一听这话，连忙向老人道谢："谢谢你了，老先生，看你相貌不凡，一定是一位博学多才的老人。请你把抽烟的三大好处给大家讲讲吧。"

老人微微一笑，说道："第一，狗害怕抽烟的人；第二，小偷不敢去偷抽烟者的东西；第三，抽烟者不会老。"商人听了暗暗高兴。下面听众沸腾了，一遍又一遍地要求老人解释。

老人把手一挥，说：“请安静，听我解释。第一，抽烟的人驼背的多，狗一见到以为是弯腰捡石头打它，所以能不害怕吗?”台下笑出了声音，商人吓了一跳。

“第二，抽烟的人夜里爱咳嗽，小偷以为是没有睡着，所以不敢去偷。”老人接着说，台下一片大笑，商人大汗直冒。

“第三，抽烟能减少人的寿命，让人短寿，所以没有机会衰老。”老人说完，台下哄堂大笑。此时，再看这位商人，已经不知道什么时候偷偷地溜走了。

很多人意识不到抽烟的巨大危害性，所以，一些烟草商人就抓住人们的这一弱点，大肆渲染抽烟的好处，以求欺骗消费者，赚取更多的利益。

老人却是一位智者，他不仅不相信这个商人的话，还要当众揭穿他。老人用幽默的语言，一波三折，巧妙推进，将抽烟的“好处”做了妙趣横生的解释。既让听众开怀大笑，又使人们从商人的欺骗性的语言里解脱出来，意识到了抽烟的危害。这种讲故事、说笑话的幽默方式，给听众留下了深刻的印象。

日常生活中，每个人都会遇到令人难堪的玩笑，或者令人尴尬的处境。如果不知道怎样调节情绪，沉着应对，就会陷入窘迫的境地。这时候，如果你能够采取适当“自嘲”的方法，不但能让自己脱离尴尬，还能够让别人更清楚地认识你、接受你。

德国著名的霍夫曼将军有一次到慕尼黑去视察军队，慕尼黑的军官俱乐部当晚举行宴会，欢迎他的到来。在大家举杯喝完酒后，一个中士服务员来给将军斟酒。由于紧张和激动，中士居然一下子把酒洒到了将军的秃头上去了。

当时，在场的军官和士兵都十分紧张，不知道将军将如何惩罚那个可怜的中士。中士也吓得脸都白了，脸上不自觉地流下了一道道汗水。这时，只见霍夫曼将军拿出口袋里的手帕，擦了擦脑袋，笑着说："小伙子，我这脑袋已经秃了二十年了，你这个方法我也用过的，谢谢你。可还是得告诉你，根本不管用！"

就在大家一阵哄笑声中，那个中士也终于恢复了平静，他感激地向将军敬了个礼，流着眼泪退了下去。这时，大厅里响起了一片热烈的掌声……

不得不说，在令人难堪的事情已经发生后，霍夫曼将军的处理方式极为漂亮。毕竟在当时的情况下，他无论发脾气还是不发脾气，都不是最佳的处理方式。发脾气，会表现出他的修养不够，而且会破坏良好的宴会氛围。而要是不发脾气，把怒火压抑下来，他又会觉得自尊受到了侵犯。但是，通过这种自嘲的方式，他不但保护了自己的自尊，还体现出了自己的豁达大度。

人际交往中，在人前蒙羞，处境尴尬时，用自嘲来对付窘境，不仅能很容易找到台阶，而且会产生很多意想不到的幽默效果。

适度的自嘲，它能够有效地维护你的面子，使你建立起新的心理平衡。自嘲不但能够平衡自己的情绪，使自己摆脱内心可能出现的怒火和不平衡，最关键的还是能够制造宽松和谐的交际氛围，使自己活得轻松洒脱，使人们感受到你的幽默和人情味。

事实上，敢于自嘲的人都是自信心非常强的人，缺乏自信者是不会自嘲的，因为它要你拿自己的失误、不足甚至生理缺陷来自我"开涮"。一个人如果没有豁达、乐观、超脱、调侃的心态和胸怀，是根本无法做到的。

一个掌握了“自嘲”这种方法的人，就等于掌握了制造愉快和摆脱困境的能力。因此，在你的生活中，面对别人的冷嘲热讽，不妨试试使用“自嘲”这个方法，也许会收到意想不到的效果。

当然，自嘲并不是自轻自贱。要想掌握并运用好它，我们首先要自谦，还要有自信心。只有谦虚并且自信的人才能经受得住别人的嘲弄以及自己对自己的“嘲讽”。其次，我们要掌握一定的分寸，力求个性化、形象化，这样才能使自己说的话有趣，才能化解尴尬。具备了以上条件，我们才能够通过自嘲缓解情绪，转化矛盾，保持心理状态的平衡。

在一次“经营核爆力”的课程中，实力派加偶像派的俞凌雄老师讲到，有一天他与马云一起用餐，想到了马云当年说：“我就是要证明人的财富与长相成反比。”于是俞老师对马云说：“你知道我为什么这么努力吗？我就是为了证明人的财富与长相成正比。”马云回答说：“我们一样都是帅哥，只不过我是下个世纪的，是我来早了。”

有人认为，幽默是一种只有聪明人才能驾驭的语言艺术，而自嘲则是幽默中的最高境界。如此看来，能自嘲的人必定是智者中的智者，高手中的高手。

轻松幽默的语言可以活跃气氛，既放松了自己，又能让对方感到愉悦。幽默感，可以使你在人群中如鱼得水。培养幽默感，就要从讲故事、说笑话开始。

幽默，可以给人们带来快乐；幽默，可以化解烦恼；幽默，可以使人们更加喜欢你；幽默，可以使你成为社交达人。

小强能量站

幽默，像一个快乐的小精灵，有它的地方就有了灵性。幽默，是一种可以培养的能力。经常看一看幽默故事，经常讲一讲幽默故事，偶尔制造一个笑话，很快你就会成为一个具有幽默感的人。你就随时可以让心情、让氛围变得轻松愉悦，身边的人就会越来越喜欢你。

第三章 幸福从心开始

第一节 提醒自己“你永远幸福”

幸福由心而生，活着就是幸福，从出生来到这个世界，我们的生命中汇集着多少人的呵护与关爱。我们是幸福的，提醒自己“你永远幸福”。

此时，我们能看着书，吸取智慧和正能量，而多少人生命中没有机会经历这样的美好，我们是幸福的，提醒自己“你永远幸福”。

2014 年 7 月 3 架飞机坠毁；7 月 18 日海南台风；8 月 1 日中国台湾燃气爆炸；8 月 2 日中国工厂爆炸；8 月 3 日云南地震……看着一个个鲜活的生命离我们而去，而我们活在这个世界上，提醒自己“你永远幸福”。

即使生命中会经历一些挫折和失意，只要我们从中学会坚强和豁达，它们便变成了我们人生中一份珍贵的礼物。面对痛苦，不要一味地回避。因为有了它，我们的人生才变得多姿多彩，我们的意志才变得坚韧不拔，我们的思维才变得成熟敏捷。学会迎接痛苦、医治痛苦、化解痛苦，将痛苦看作一种锻炼。它是让我们走向幸福生活的开始。

刘伟小时候和小伙伴一起玩捉迷藏的游戏，不小心触到了高压电，他失去了双臂。当时他非常痛苦，真想死了算了。他的妈妈对他说："孩子，你一定要勇敢地活下去，妈妈是那么爱你。我们一起想办法克服困难。"

一开始，妈妈照顾他。天天喂他吃饭，帮他穿衣服。后来妈妈对他说："孩子，你一定要学会自己克服困难。虽然妈妈现在能照顾你，但以后我老了谁来照顾你呢？"刘伟想，我没有手了，那就学着用脚来做事情吧。

穿衣服、刷牙这些小事，别人用手只要一会儿工夫，而刘伟用脚来做却要用一个多小时。就这样他通过不断的练习，终于学会了用脚穿衣服、刷牙、写字。十九岁的时候，他开始练习用脚弹钢琴。别人用手两个小时能练好，他却要练整整八个小时。冬天的时候，他的脚上生了冻疮，经常会流血，很疼很疼，可他硬是坚持了下来。就这样他练了好几年的钢琴，琴弹得越来越好。2010 年夏天，他参加了在上海举行的达人秀的比赛，他用脚弹钢琴这个节目感动了评委，感动了很多观众。他获得了全国达人秀比赛的第一名。

无独有偶。

玛丽从小就想当舞蹈家，她每天都坚持练舞。可是，在她十九岁的时候被车撞了，失去了一只手臂。她很伤心，她以为自己再也不能跳舞了。后来，她遇到了残疾人翟孝伟。翟孝伟也因为车祸失去了一条腿。两个人就一起练起了舞蹈。他们两人互相帮助，互相鼓励，舞蹈越跳越好。两人参加了全国舞蹈大赛并获得了一等奖。

像刘伟、玛丽和翟孝伟这样的残疾人有很多。他们虽然残疾了，但依然有自己的梦想和理想。为了实现自己的理想，他们克服了很多我们正常人无法想象的困难。他们有的人没有手，用脚或用嘴写字，成了书法家；有的盲人成了音乐家；有的人没有手却苦练游泳，结果获得了残疾人奥运会的冠军。

达观是一种大境界，是用一种完全不同的眼光来审视人生，从而获得一种前所未有的从容和乐观，它让我们用平静的心态对待生活的起起落落。如今“与人友善，学有所长；宠辱不惊，达观向上”已成通往幸福的格言。

世间的许多事情本身并无所谓好坏，全在于当事人怎么看。对我们来说，要寻找到幸福，学会保持乐观豁达的心境而避免自寻烦恼是十分重要的。

对于每个人来说，随时遭遇无法预料的危机，本身就是一件非常平常的事情。家里小孩生病、至爱亲友死亡、婚姻亮起红灯等，这些大大小小的问题都会发生在我们身边，如果我们无法保持乐观和豁达的心境，我们就会倍感焦虑，压力倍增，心力交瘁，精神疲惫，进而使我们的情绪越来越糟糕，更加使得我们的烦恼剪不断，理还乱。

提醒自己“你永远幸福”是达观心境的一种修炼。

人与人之间本来只有很小的差异，但这种很小的差异却往往造成巨大的差异！很小的差异就是所采取的心态是积极的还是消极的，巨大的差异就是幸福或者不幸福。心理学家关于幸福的标准理解是：幸福与性别、年龄、财富、地位、权力无关。生活得幸福与否，完全取决于个人对人、事、物的看法，幸福生于你的心：心可以造天堂，也可以造地狱。

曾在一本书上看到这样的故事：

一位母亲因为她的儿子总是愁眉苦脸的，于是在每天早上吃早餐时，就说一个笑话给儿子听，让儿子能高高兴兴地去上学。

几个月后，她发现儿子的成绩有很明显的进步，于是她就更注意快乐的心情对一个人的影响，也借此使得自己的每一天都过得更充实幸福。

人富有未必就开心，贫穷未必就苦闷。生活中要充满笑声和欢乐。这才是明智的人生。俗话说："笑一笑，十年少。"意思就是让我们对生活充满希望，用达观的心境尽情享受生活的每一天。

痛苦与快乐永远是相辅相成的，当面对痛苦时，我们要用快乐的心态去迎接它，我们应该这样想：正因为有了痛苦，我们的快乐才如此的让人记忆深刻，它让我们的生活多了一种味道，它让我们更珍惜幸福。时常提醒自己"你永远幸福"。

心造幸福，心安即是幸福。

小强能量站

一个拥有幸福心灵的人，无论到哪儿，都会幸福自得。要想成为一个幸福的人，就要感恩自己已经拥有的，时常关注发生在自己身上的好事。如果你经常沉浸在忧伤的情绪中，你就无法发现幸福。若你可以在生活中发现点点滴滴的快乐，自然而然地，你的眉宇间就会散发光彩。你就会发现，幸福时时陪伴在你身边。

第二节 要有“比下有余”的心态

总有人拥有的比你多，也总有人不如你。不快乐时，不妨看看周围那些不如你的人，从而让自己看到自己的幸福。

亚里士多德的沟通能力有障碍，但他是一位内省力很高的哲学家。

凡·高受情绪困扰，但他在视觉上的成就却是超凡的。

孙膑腿上有残疾，但他是中国古代杰出的军事家。

罗斯福的下肢残疾，但他带领美国人赢得了在第二次世界大战中的胜利。

海伦·凯勒失聪，但她的内省力却不凡。

爱因斯坦曾遇上学习障碍，但他在科学上的成就有目共睹。

贝多芬失聪，但他是乐坛的巨人。

每个人都有他的短处，但也有他的长处。如果我们老是用自己的短处去比较别人的长处，那不但会自己给自己添堵，还会滋生出嫉妒的情绪，最终成为自卑、没有信心、嫉妒心非常强的人。但如果我们能够发现自己的长处，并发扬自己的长处，那不但会成为一个在某方面有特殊才能的人，还会因此而减少与别人比较中的忌妒心理。

其实，每个人都有别人比不上的长处，只是我们总喜欢拿自己的短处和别人的长处比较，所以嫉妒心才会处处可见。如果能够学会用自己的长处去比较别人的短处，拥有一种“比上不足，比下有余”的心态，那么人生的许多烦恼就会消失，嫉妒心也不会再那么强烈。

人往往就是这样，看到别人骑高头大马而自己骑着毛驴，心里就会感到不舒服。但如果回过头来看到还有人连驴都没有，只能步行，那心里马上就会好受一些。这就是一种比较心理，比较影响到了我们的情绪，最终影响到了我们的幸福感。

如果说“比上不足”的心态在某种程度上可以激发我们的上进心，那么“比下有余”的心态则可以给我们带来心理的平衡，最终减少嫉妒情绪，让我们产生幸福的感觉。

美国心理学家克里斯·博伊斯和西蒙·穆尔研究发现，当国家整体都变得富裕时，个人并不一定会感到更富有，因为他们在社会中的相对地位并未发生改变。事实上，大多数人不会把自己和抽象的全国平均水平相比，而常常是将自己和左邻右舍、工作中的同事或大学时的朋友进行比较。如果看到自己排名越前，地位越高，幸福感和自我价值意识就可能越强。博伊斯说，“与自己的绝对财富相比，人们在与他人比较中的排名更能预示自己的幸福程度。”

博伊斯和穆尔由此得出结论说，金钱或许买不到幸福，但能买到地位，而身份地位的确能让人们更幸福一些。排名比绝对财富更能预示一个人的生活满意度，比下有余才是幸福之源。

永远都会“比下有余”，无论自己多么不幸，一定还有人比你更加不幸。所以，在嫉妒别人时，不妨看看那些不如自己的人。人都是有比上不足比下有余的心态的，往上看得比较会让自己的心态失衡，往下看得比较则会让自己感受到优势地位，从而让心态恢复平衡。或者，当嫉妒某人在某一方面比自己优秀的时候，不妨也看看他不如自己的地方，这也可以给自己带来一点心理上的平衡。

“比上不足，比下有余”，就是劝告人们要懂得知足与感恩，因为知足才能常乐，感恩才能幸福。然后带感恩与快乐的情绪去开创未来，美好的未来都是知足和感恩的人把握和开创的。

比下有余是让我们拥有知足和感恩的心理，并带着这些正能量去开创美好的未来，而不是在攀比中嫉妒抱怨，从而减弱我们的能量，让我们对未来迷茫。在衣、食、住、行这些外在的东西上是不能“比上”的，“比上”即为攀比，攀比是无止境的，因为生活是无极限的。俗话说：“人比人得死，货比货得扔。”

当有些孩子向父母要手机、要衣服、讲吃喝时，父母要让自己的孩子明白这样的道理，一些贫穷国家的孩子衣不遮体、骨瘦如柴，甚至连书包都买不起，用的是洗衣粉袋，他们或许根本不知道什么叫“肯德基、麦当劳”。

所以，在教育孩子的衣食方面，要让他们存有“比下有余”的满足感，同时，要教育他们“一粥一饭，当思来处不易；半丝半缕，恒念物力维艰”。当我们对生活感到不如意时，也应该眼睛向下看，从中找回属于自己的那种知足和感恩。

在住与行方面，也要抱有“比下有余”的心态。在当下这个房价掏空一家人一生积蓄乃至让人负债累累的时代，已经很少有人温习圣贤的教诲了。

当别人幸福时，祝福他们！有一天晚上，当我散步到滨江公园，看着公园里陪伴亲人、朋友一起玩耍的人们，看着成双成对的情侣，再看看自己一个人形单影只，对比的心使失落的情绪随之即来。当我觉察到我的失落情绪后，我想着要尽快让自己从低落的情绪里走出来，于是我转换了角度，我应该祝福别人的好，分享别人的快乐。于是，我微笑地看着玩耍的人们和成双成对的情侣，分享他们的喜悦，我心情随之也好了。于是，我祝福玩耍的人们和成双成对的情侣永远幸福。于是，我的脚步也变得轻快了。

不要因为别人的工作卑微而盛气凌人。如果你在餐厅用餐，对服务员可以和气一些，也许有时他做得不够好，也许你想教训他让他长记性。其实，很多成功人士都经历过卑微的工作。如果你的孩子刚走出校园，刚步入社会，他也会在不起眼的工作岗位上锻炼，他有时也会做得不够好，如果他被顾客劈头盖脸地责骂，你的心情会怎样呢？你会心疼他，你会觉得应该让他有一个进步的过程。那么餐厅里年轻的服务员也一样，如果他们做得不够好，请你给予他们理解和进步的机会，不要盛气凌人地指责他们。

在生活上我们要常思“比下有余”，从而感恩当下拥有的生活，并带着这些良好的情绪去开创未来，而不是带着不满和抱怨过当下的生活，从而产生不良的情绪，痛苦地走向未来。感恩当下所拥有，并为自己的追求奋斗，学会和自己对比，向别人学习。微软（中国）终身荣誉总裁唐骏说：“我并不伟大，但我比过去的自己伟大了。”无须用别人的长处对比自己的短处，只需让自己每一天都比过去的自己更好，让自己更多地学习别人的优点和长处，并为己所用，包括别人优秀的技能、思维和品行。

小强能量站

无论你觉得自己多么不幸，一定还会有人比你更加不幸；无论你觉得自己多么了不起，一定还会有人比你更了不起。

不必对比自己强的人“羡慕”、“嫉妒”、“恨”，也不必对比自己弱的人“飞扬跋扈”、“不可一世”。学会去释放善意和祝福，在心里为他们送上一份善意和一份祝福。你的心灵也会被这份善意和祝福温暖，同时获得友谊和支持。

第三节　降低自己的膨胀标准

现代社会前所未有地提高了我们的收入，至少使我们看起来更为富有。但实际上，现代社会给人们真实的感受却是我们越来越感到贫穷。

于是，我们就有了更大的期待。我们所期待的远远超出了最初的想象，我们的要求越来越多，而我们付出的代价则是永远都挥之不去的焦虑——我们永远都不能安于现状，永远都有尚未企及的梦想。

2005年8月15日凌晨，一位北京大学信息科学技术学院的硕士研究生离校出走。出走前，他在电话里向母亲哭诉："妈妈，我没有能力！我没有能力！……"

据媒体报道，该研究生从小学习成绩很好，考上北大后发誓要出人头地。然而，"周围的同学都有女朋友了，他还没有；好多同学都考了驾照，他考了但没通过；出国留学也受挫了；马上面临毕业，还不知道能不能找到好工作，又没有钱买房子……"大约因为不堪现实和未来施加的过于沉重的压力，他选择了逃避。

这是典型的"成功焦虑症"。其诱因，则在于社会上对所谓"成功"的片面认定和过度强化，是完全的"精英崇拜"。

事实上，在18世纪之前，西方国家并不存在精英崇拜。反之，他们尊重并推崇普通人。他们认为，穷人生活贫穷，这并非是他们之过，穷人对社会贡献最多。而且，他们坚定地认为，身份低下并不表明道德低下，而且，富人们腐朽堕落，恶贯满盈，他们的财富来自掠夺穷人。

然而，从18世纪中叶开始，新的观点逐渐代替了旧的观点。1723

年，伦敦的内科医生伯纳德·曼德维尔发表了一份名为《蜜蜂的寓言》的小册子。正是这本小册子从根本上改变了社会对穷人和富人的看法。曼德维尔认为，富人才是社会中有用的阶层，是富人们的挥霍才给比他们地位低下的人们创造了就业机会，使得那些最弱势的人们得以生存。没有了富人，穷人要不了多久就活不下去。

这一观点很快被一些伟大的经济学家和政治家接受，包括写了《国富论》一书的亚当·斯密，也对此观点大为推崇。

很快，认为身份、地位越高，德行越好的观点也被抛了出来。最后，人们开始认可一种观点，那就是穷人是有罪的、堕落的，他们穷是因为他们蠢。社会达尔文主义者就认为：从道义上看，富人似乎形象不佳，但从自然进化的角度看，富人却远远胜出穷人，情形甚至令人生畏。富人强劲有力，他们的基因比穷人刚健，他们的思维之敏捷亦远过常人，从生物理论的角度看，富人是人类丛林中的老虎。

贫穷本身就是一种痛苦。而在当前精英崇拜的社会里，贫穷显然更是一种羞辱。所以，许多人患上“成功焦虑症”并不奇怪。

作家刘心武在其作品中曾提到这样一个故事：

“一位熟人跟我说，他曾一度为自己住宅里只有一个卫生间，但是同学家中却有两个厕所的情况觉得低人一等。但有一次他却在仍住在胡同杂院、如厕还需出院的一位同窗家里，亲眼看到了所谓的不能用简单数字量化的骨肉亲情。于是，他竟如醍醐灌顶般清醒过来，再也不会让几个卫生间之类的量化焦虑败坏自己的心情。”

显然，要想避免成功焦虑症，我们唯有坚持一颗平常之心，在物质的追求上不要过于膨胀。有多少人为了满足膨胀的欲望，看到别人有大房子自己没有，也要努力追逐，甚至极尽所能，营华屋美宅，购豪华轿车……永无止境的欲望只会带来压力，产生数不胜数的烦恼。有钱万贯，也是黑白一天；楼房十座，也是睡榻一间。切记：幸福是一种感受，而不是用来炫耀的，也不是用来比较的。“外累由心起，心宁累自息。”

如果人生一世只需10袋米，有人却为20袋米烦恼，为30袋米痛苦，为40袋米犯罪，为50袋米走向刑场。适度的贪婪为追求，无度的追求为贪婪。追求与贪婪仅一步之遥、方寸之间。

有梦想、有追求是值得欣赏的，但过于膨胀会伤了自己和身边的人。我们要认识到，追求事业成功、物质丰盛虽然是人生的重心之一，但是它没有资格占据我们全部的生活。在我们的时间安排表上，还应该有亲情、友情和爱情。因此，我们要做好人生的规划，重要的是时刻感恩当下所拥有的，享受人生的过程，学会欣赏人生旅途中看到的花草、遇到的人和事。

小强能量站

一个人有梦想、有追求是值得欣赏的，然而过度的欲望会给人带来自我膨胀，也许会带来挫败感，甚至是灾难。因此在追求更高的目标时，要保持一颗平常心和一分豁达。

第四节　快乐时光稍纵即逝

在人生的旅途中，快乐的时光稍纵即逝，如昙花一现。

昙花原是一位花神，她每天都开花，四季都灿烂。她还爱上了每天给她浇水除草的年轻人。后来此事被玉帝得知，玉帝于是大发雷霆，要拆散鸳鸯。玉帝将花神抓了起来，把她贬为每年只能开一瞬间的昙花，不让她再和情郎相见，还把那年轻人送去灵鹫山出家，赐名韦陀，让他忘记前尘，忘记花神。

多年过去了，韦陀果真忘了花神，潜心习佛，渐有所成。而花神却怎么也忘不了那个曾经照顾她的小伙子。她知道每年暮春时分，韦陀总要下山来为佛祖采集朝露煎茶。所以昙花就选择在那个时候开放。她把集聚了整整一年的精气绽放在那一瞬间。她希望韦陀能回头看她一眼，能记起她。可是千百年过去了，韦陀一年年地下山来采集朝露，昙花一年年地默默绽放，韦陀始终没有记起她。

直到有一天，一名枯瘦的男子从昙花身边走过，看到花神忧郁孤苦之情，便停下脚步问花神："你为什么哀伤？"花神惊异，因为凡人是看不到花神真身的。如果是大罗金仙，头上会有金光；如果是妖魔，头上会有黑气；如果是凡人，头上是无任何灵光的。刚刚从身边走过的明明是一个凡人，如何看得见自己的真身。花神犹豫片刻只是答道："你帮不了我。"又默默地等待韦陀，不再回答那个男子的话。

40 年后那个枯瘦男子又从昙花身边走过，重复问了40 年前的那句话："你为什么哀伤？"花神再次犹豫片刻只是答道："你也许帮不了我。"枯瘦的男子笑了笑离开。在40 年后一个枯瘦的老人再次出现在花神那里，原本枯瘦的老人看起来更是奄奄一息。当年的男子已经变成老人，但是他依旧问了和 80 年前一样的话："你为什么哀伤？"昙花答道："谢谢你这个凡人，在你一生问过我 3 次，但是你毕竟是凡人，而且已经奄奄一息，还怎么帮我？我是因爱而被天罚的花神"。老人笑了笑，说："我是聿明氏，我只是来了断 80 年前没有结果的那段缘分。花神，我送你一句话：缘起缘灭缘终尽，花开花落花归尘。”说完老人闭目坐下，时间渐渐过去，夕阳的最后一缕光线开始从老人的头发向眼睛划去，老人笑道：“昙花一现为韦陀，这般情缘何有错？天罚地诛我来受，苍天无眼我来开。”说罢，老人一把抓住花神，此时夕阳滑到了老人的眼睛，老人随即离世，抓着花神一同去往佛国去。花神在佛国见到了韦陀，韦陀也终于想起来前世因缘，佛祖知道后准韦陀下凡了断未了的因缘。因为聿明氏老人违反了天规，所以一生灵魂漂泊，不能驾鹤西游，也不能入东方佛国净土，终受天罚永无轮回。

昙花一现，只为韦陀。所以昙花又名韦陀花。也因为昙花是在夕阳后见到韦陀的，所以昙花都是夜间开放。

当一个人的愿望得不到满足时，他就会油然而生一种失落的心理体验。心理学家将这种失落的心理体验称之为“失意”。生活中“失意”时有发生，我们要学会尽快从失意的情绪中抽离出来，学会把握稍纵即逝的快乐时光。

人这一生，从来就没有人能拥有尽善尽美的工作环境，也从来没有人在实现愿望的过程中永远一帆风顺。因此，“失意”是一种人人都会碰到的心理现象，而并非某一些人的专利。

既然失意难免，失意常在，那么我们最需要的态度就是，坦然接受失意，尽量淡化失意，努力走出失意。

“失意”虽然是一种痛苦，但也是一种幸福。倘若一个人在工作或生活中经常“失意”，他或许更应该值得人们去敬重，因为这种人往往有远大的抱负和谋求更大发展的意识。没有这种抱负和意识的人是不会“失意”的，他们总是生活在满足之中。

没人欢迎失意，但谁都无法避免失意。《逆境人杰》一书封面上写有这样几句话：“逆境是人杰的摇篮，磨难是成功的良伴，挫折是英才的乳汁，悲痛是奏凯的琴键。”或许，我们还应该再加上一句：失意是成长的催化剂。

失意不但会使人冷静反思自我，正视自身的缺点，努力克服不足，还会使人增加阅历和见识，经受磨炼而变得成熟。可以说，正是失意的存在，我们才能够不断完善自己，并且变得强大起来。当然，能否取得这样的效果，把失意变成成长的催化剂，取决于人们对待失意的不同态度。

一个女孩毫无道理地被老板炒了鱿鱼。中午，她坐在单位喷泉旁边的一条长椅上黯然神伤，她感到她的生活失去了颜色，变得暗淡无光。

这时她发现不远处一个小男孩站在她的身后咯咯地笑，她就好奇地问小男孩，你笑什么呢？“这条长椅的椅背是早晨刚刚漆过的，我想看看你站起来时背是什么样子。”小男孩说话时一脸得意的神情。

女孩一怔，猛地想到：昔日那些刻薄的同事不正和这小家伙一样躲在我的身后想窥探我的失意和落魄吗？我决不能让他们的用心得逞，我决不能因为一时的失意丢掉我的志气和尊严！

女孩想了想，指着前面对那个小男孩说，你看那里，那里有很多人在放风筝呢。等小男孩发觉到自己受骗而恼怒地转过脸时，女孩已经把外套脱了拿在手里，她身上穿的鹅黄的毛线衣让她看起来青春漂亮。小男孩甩甩手，嘟着嘴，失望地走了。

生活中的失意随处可见，它们就如那些油漆未干的椅背在不经意间让你苦恼不已。但是如果已经坐上了，沮丧也没有用，如果我们能以一种“猝然临之而不惊，无故加之而不怒”的心态面对，脱掉你脆弱的外套，你会发现，新的生活才刚刚开始！

历史上，有许多名人雅士都曾失意过。但正是他们在某个方面的失意造就了他们在另一个方面的成就。

东晋宰相谢安有东山再起的典故；柳宗元被贬到永州后才写出了被后人称道的永州八记；苏轼也是被贬到黄州才成就了他在文学史上的不朽地位；清代的宁古塔也是因为众多学者文人被流放于此才被后人所关注。所以，失意并不可怕，可怕的是从此一蹶不振。

每一次失意，都如同品尝一次人生的苦辣。如果你坚持住了，并在为自己的命运呐喊了，你便跨过了人生的一个槛，成功地超越了一次自我。

英国一位学者曾说过：“人们最出色的工作，往往是在处于逆境的情况下做出的。思想上的压力甚至肉体上的痛苦，都可能成为精神上的兴奋剂。”失意就像一剂清醒剂，而清醒剂是一条鞭子，它使人知不足。知不足则思学习，学习便有知识，知识越多越能善待失意，将失意当作攀登的手杖。

失意如同一面镜子，而镜子能照见人的污浊。见污而不怒，悉心审视自身，我们才能再闯新路。一次失意就灰心失望的人，永远是个失败者。因为人生本就是一场无休止的蜕变，被失意纠缠，你永远不能超越自我。

享受失意，变被动为主动，是摆脱人生困境的有效方法。看到失意的优势其实是一种转移式的思考方法。首先，失意是人生成长的催化剂，失意时人们不被关注，不被重视，没有得意时的被人恭维和吹捧，也没有之前种种的云山雾罩，反而可以使人能有足够的时间和空间去思考人生，体味生命，深刻认识自己。其次，失意时可以检验真情，人生得意须尽欢，失意时少了平日的酒肉朋友，却可找到真正的知己，失意时没了甜言蜜语，却可深刻感受不离不弃的真实情谊。

每个人都有失意的时候，尽量去找出快乐，哪怕是发现一点光线也把它当成阳光，并用它去照亮自己和身边的人。学会让失意的情绪在3分钟内消失，让稍纵即逝的快乐尽早回到你的身边。

用积极的心理解读失意，更容易从失意的情绪里抽离出来，继而进入坚强、勇敢和乐观的心境，你的人生就驶进了阳光和快乐的轨道。

小强能量站

春有百花秋望月，夏有凉风冬听雪，心中若无烦恼事，便是人生好时节。

失意时，正可发现平凡之乐；失意时，正可历练坚强的意志。如果我们用积极的心理看待失意，那么失意里面也是隐藏着快乐和价值的。

第五节　性格和心理决定幸福

普通人被性格所困，大成者完善性格。现实生活中的人，有很多总是责怪外界条件如何如何，却不知道反省自己。那些能够反省自己、改变自己的人，就一定不是庸俗的人。

1930年初秋的一天早上，一个只有1.45米的矮个子青年从东京某公园的长凳上爬了起来，他用自来水洗了洗脸，然后从这个“家”徒步去上班，他因为拖欠了房租已经被迫在公园的长凳上睡了两个多月。

他是一家保险公司的推销员，虽然每天都在勤奋地工作，但收入仍少得可怜，为了省钱，他甚至不吃中餐、不搭电车。

一天，年轻人来到一家寺庙，拜见住持。寒暄之后，他便滔滔不绝地向老和尚介绍起投保的好处来。

老和尚很有耐心地听他把话讲完。然后平静地说："你的介绍丝毫引不起我投保的意愿。"年轻人愣住了。

老和尚接着又说："人与人之间，像这样相对而坐的时候，一定要具备一种强烈吸引对方的魅力，如果你做不到这一点，将来就没什么前途可言了。"年轻人哑口无言。

老和尚最后说了一句："小伙子，先努力改造自己吧！"

从寺庙里出来，年轻人一路思索着老和尚的话，若有所悟。

接下来，他组织了专门针对自己的"批评会"，每月举行一次，每次请五个同事或投保客户吃饭，为此，他甚至不惜把衣物送去典当，目的只为让他们指出自己的缺点。

"你的个性太急躁了，常常沉不住气。"

"你有些自以为是，往往听不进别人的意见。"

"你的常识不够丰富，所以必须加强进修。"

……

年轻人把这些可贵的逆耳忠言一一记录下来，随时反省、勉励自己，努力扬长避短、发挥自己的潜能。

每一次"批评会"后，他都有被剥了一层皮的感觉。通过一次次的批评会，他把自己身上那一层又一层的劣根性一点点剥落了下来。随着劣根性的消除，他感觉到了自己在逐渐进步、完善、成长，日趋成熟。

到了1939年，他的销售业绩荣膺全日本之最，并从1948年起，连续15年保持全日本销售第一的好成绩。

1968年，他成为了美国百万圆桌会议的终身会员。

这个人就是被美国著名作家奥格·曼狄诺称之为“世界上最伟大的推销员”的推销大师原一平。

诚如书中前面所讲，要想改变别人，先要改变自己。要想获取成功，就要有反思自己的精神与勇气。有一些人，非常固执于自己的性格，不知道反省，也不愿意改进，经常挂在嘴上的口头禅是：“我就是这样的人”或“我就是这样的性格”，他们就这样被性格所困。“我性格内向，我上不了台”；“我性格直爽，我开口说话就得罪人”；“我很含蓄，我从不表达爱”；“我性格孤僻，我没有朋友”。这些人就这样被性格困得一塌糊涂，他们给自己贴上一个性格标签，似乎在告诉自己和天下人，这些不好的结果都是因为我的性格所害。其实，性格是可以不断完善的。中国最优秀的职业经理人唐骏（微软中国终身荣誉总裁），以10亿身价从盛大跳槽到新华都，一度令人羡慕不已，他成功的秘诀之一，就是不断完善自己的性格。

在前面的内容中，我们提到了唐骏的一些不足，但是在他身上仍有很多值得我们借鉴的东西。

多年来，唐骏一直精心又刻意地打磨自己的个性，以至于他的大学同学老感到狐疑：这是我们大学时候的那小子吗？按他自己的说法，他大学时候的性格比较像艺术家：自私、冷漠、情绪不稳定，还老爱挑剔别人。

不过现在，对于唐骏来说，这些情绪化的表达方式已经都成为往事——他上一次哭是在离开微软的告别派对；上一次发怒是大学毕业的时候打了室友一下；他秘书跟了他十几年没见过他发脾气，不过这没什么好大惊小怪的——他太太跟他过了二十几年也没见过他发火呢。

善于自我管理，是每个成功人士的基本功。对于唐骏来说，恰恰是他能够掌控性格，而不是被个性所控，才使得他在职业经理人道路上不断获取成功。在微软期间，唐骏得到的第一次重要的晋升机会就得益于他练就的好性格。

有一次演讲，有人告诉他："你有一个口头禅——那就是说。"一听这话，唐骏立刻有意识地改，"不到两星期就没了"。正是这种对自己性格的不断完善，造就了今天的唐骏。

曾子曰："吾日三省吾身，为人谋而不忠乎？与朋友交而不信乎？传不习乎？"

要勇于反省自己，完善自己的性格，我们才能得到别人的认可与支持，才能赢得更多的机会。如果固执于自己的个性，而无法融入人群，无法适应社会，那么你就要面临"孤独求败"、"淘汰出局"的命运了。

小强能量站

性格可以为我们所用，而不要被性格所困。该认真的时候必须要认真，比如做事的时候；该快乐的时候必须要快乐，比如陪伴家人的时候；该沉稳的时候必须要沉稳，比如商务场合；该疯狂的时候必须要疯狂，比如庆功会上；该亲和的时候必须要亲和，比如对待友人的时候；该有力量的时候必须要有力量，比如对待敌人的时候。

第六节　生命因磨炼而出彩

经历过不同的困境，我们才能够品尝到人生的真味，才会懂得人生的苦是怎样的苦法，乐又是怎样的乐法。那些在苦痛中挣扎，最终取得骄人成绩的心酸过程，往往是一个成功者的财富。成功者感谢磨难，因为磨难让他们变得坚毅，并脱颖而出。

“盖文王拘而演周易，仲尼厄而作春秋；屈原放逐，乃赋离骚；左丘失明，厥有国语；孙子膑脚，兵法修列。”便是生命因磨炼而出彩的最深刻的写照。

懂得人生真谛的人，他们往往不喜欢平淡庸碌的生活，而多半愿意去尝试一些困难的、冒险的，但却有内容、有意义的生活。

香港“超人”李嘉诚有句座右铭：“男子汉第一是能吃苦，第二是会吃苦。”这就是他成功的第一要诀。

李嘉诚幼年丧父，家庭的重担由他一肩扛起。14 岁，正是一般青少年求学的黄金岁月，应该是无忧无虑的，然而迫于生计，他不得不选择辍学，走上谋职一途。

他历尽艰辛，终于在一家茶楼找到一份担任服务生的工作。每天清晨五点左右，一般人都还在睡梦中的时候，他就必须提起精神从温暖的被窝中爬起，然后赶到茶楼准备茶水及茶点。每天他的工作时间在 15 小时以上。生活简直就是一场严酷的考验与磨炼。

舅父非常疼爱李嘉诚，为了让他能够准时上班，就买了一只小闹钟送他。他把闹钟调快了 10 分钟，以便能最早一个赶到茶楼开门工作。

茶楼的老板对他的吃苦肯干深为赞赏，所以李嘉诚就成为茶楼中加薪最快的一位员工。

台湾“经营之神”王永庆常说的一句话是：“要常常警惕自己，稍一松懈就导致衰退，经常要有富不三代的警觉。”王永庆的这句话贯穿了他整个奋斗的人生。

王永庆7岁时，就被父亲送到新店国民小学就读。学校在离家10千米外，王永庆必须一大早起床，到附近的水井提水，把家中的大水缸装满后才步行上学。放学后，还经常要肩扛一袋50斤重的饲料返家养猪。

在王永庆9岁那年，父亲病倒在床，一家的生计全靠母亲种菜、种番薯、养猪来维持。于是，上小学三年级的王永庆开始半工半读，为邻居看牛，每月赚取5毛钱来贴补家用。他上小学用的书包是一条粗布巾做的口袋，穿的衣服是补丁加补丁，整天赤着脚，几乎没有穿过一双鞋。而小学期间，对书本不感兴趣的王永庆，从来没有下过苦功读书，所以成绩总列在班里的最后10名。

可以说，小时候的王永庆并不擅长读书，但他却有吃苦耐劳的精神。也正是因为这一点，他才能在后来成为台湾的“经营之神”。

他曾说过一段发人深省的话：“我幼时无力进一步学习，长大后必须做工谋生，也没有机会接受正规教育，像我这样一个身无专长的人，只有吃苦耐劳才能补其不足。

我还常常想，由于生活的煎熬，我才产生了克服困难的精神和勇气，幼年生活的困苦，也许是上帝对我的赐福。”可见，吃苦耐劳是王永庆成功的撒手锏。

一位好心的老人在草地上发现了一个蛹，他把蛹带回家。过了几天，蛹壳上出现了一道小裂缝，里面的蝴蝶已经挣扎了好几个小时，似乎身体被卡住了，一时出不来。

老人看着于心不忍，于是，他拿剪刀把蛹壳剪开，帮助蝴蝶脱蛹而出。可是，这只蝴蝶的身躯臃肿，翅膀干瘪，根本就飞不起来了，不久就死去了。

蝴蝶为什么会死去？原因是蝴蝶未经历成长的必然过程。蝴蝶必须在蛹中经过痛苦的挣扎，直到它的双翅强壮了，才会破蛹而出。人的成长又何尝不是，不经历挣扎、挫折、磨难，你就很难脱颖而出，这个道理对所有人都适用——成功没有捷径。

老年遭受艰难困苦是不幸的，这道理人们都明白。少年未经历艰难困苦也是不幸的，这道理却不是人人都能明白的。享乐在先，或许令人羡慕，但这只是一个过程，因为你很难永远乐下去，而最可能的就是当你走到终点的时候便是苦。

吃苦在先，同样也是一个过程，但苦尽之后，你得到的却可能是甜。当然，前提是你必须坚持奋斗之心。

云南大理白族的三道菜，就是一苦一甜一淡，这象征了人之一生的三重境界。它警示人们只有趁青春时代为创业历尽磨难，才能赢得中年之甜、老年之淡。

如果你在年轻的时候吃了不少苦，那你实在该为自己感到幸运。和老年再遇到各种挫折相比，年轻时的一些挫折不但不会打垮你，而且还会给你带来你从别处根本就学不来的经验与教训。当然，你也必须认识到，吃苦与成功其实并没有必然的关系，就像恋爱与结婚没有必然关系、结婚与生子没有必然关系、生子与孝顺没有必然关系一样。

吃苦耐劳只是成功的一个条件，但不是必然条件，所以李嘉诚才会说男子汉不但要吃苦，还要会吃苦。有的人在苦难中不能自拔，有的人则在苦难中不断超越过去，这就是会吃苦与不会吃苦的区别。

小强能量站

吃苦其实也需要技巧，会吃苦，能吃苦，再加上聪明、机遇，你才可能会获得人生的成功。而对于那种一味强调吃苦，却忘记了吃苦是为了最终获得甜的人来说，他们即使吃再多的苦，也不见得就能得到人生的幸福。因为他们把吃苦当作了目的，而非手段。

第四章 宽容让世界更美丽

第一节　做人必须心怀宽广

一个人不能脱离群体而独立存在，想与周围的人融洽相处，最重要的是宽广的胸怀。当他们工作中有困难时，你应该在你能力范围内及时予以帮助。如果你置之不理、冷眼旁观，甚至落井下石，那样你们之间的关系永远是冷漠的。当他们遇到问题需要询问你的意见时，用你的所知所懂告诉他，即使说得不好或并不适用，他也会被你感动。如果今后他有求于你，你应该不计前嫌并毫不犹豫地帮助他。

有人会说："我为什么要这样忍辱负重，那样一点个性都没有。即使我这样，他们还议论我怎么办？"你应该让宽容的心包容一切。你是他们的同事，除了睡觉，你每天的大半时间都是跟他们在一起。如果不与他们处好关系，整天郁闷不堪，那意味着你失去了一天中获得快乐与满足的大部分时间。在办公室里，如果同事们都寡言少语地对待你，你的工作热情和信心一定会受到影响。

所以，当有人在背后议论你时，你最应该做的就是调整自己的心

态，静下心来想一想，是否自己也有做得不妥的地方，发现后迅速改正，让所有的议论声在时间面前消失。客观理智地对待他人的背后议论有助于树立自己的好形象，有助于事业的成功。

现实生活中，不会处理人际关系的现象并不少见。因此可以毫不夸张地说，学会正确处理人际关系的艺术，比拿到名牌大学的文凭还要重要。

较好地实现人际交往、正确处理好人际关系的方法有很多，但必须坚持的原则之一是宽容，宽容是处理人际关系的一剂良药。

唐朝大将郭子仪在平定“安史之乱”和抵御外族入侵中屡立奇功，却遭到皇帝身边的红人——太监鱼朝恩的嫉恨。鱼朝恩在皇帝面前进谗言，使得郭子仪几起几落，危险重重。

郭子仪率兵在外征战，鱼朝恩竟暗地里派人挖掉郭子仪父亲的墓穴，并抛骨扬尸。郭子仪领兵还朝，众人无不以为他将掀起一场血雨腥风。

不料，当代宗皇帝忐忑不安地提及此事时，郭子仪伏地大哭，说“臣将兵日久，不能禁阻军士残人之墓，今日，他人挖先父之墓，这是天谴，不是人患。”家仇的烈焰，竟被他用宽容的泪水浇灭。

郭子仪手握兵权，在朝中日益得到皇帝的信任，鱼朝恩寝食不安，担心早晚会被郭子仪收拾，便想来个先下手为强，在家中摆下“鸿门宴”。

鱼朝恩的险恶用心，连郭子仪的下属都看得一清二楚，他们极力劝阻郭子仪不要去，要么就带卫队前往。郭子仪淡淡一笑，不以为然，只便装轻从，带了几个随从赴宴。鱼朝恩惊讶不已，得知实情后，阴毒无比的一代奸臣竟被感动得号啕大哭，不再以郭子仪为敌，反而处处维护他。

郭子仪以他的宽容为自己增加了一个支持者。他辅助四朝国君，以85岁高龄得以善终。寿终时，皇帝驾临哭送，郭子仪也成为历史上罕有的“权倾天下而朝廷不忌，功盖一世而主上不疑，侈尽人欲而议者不贬”的名臣。

老子在《道德经》中说：“江海之所以能成为百谷王者，以其善下之，是以能为百谷王。”也就是说，江海之所以能够成为百川河流所汇集之处，是因为它善于处在低下的地方，所以能够成为百川之王。这实际上就是宽容的力量。

要想做到宽容并不容易。宗教家康庇斯曾写过这么一句话：“很少人会以衡量自己的天平来衡量别人。”显然，对许多人来说，我们自己的过失和别人的过失相比，似乎算不了什么。当我们做错了事时，可能仅仅是自责了一会儿，然后很快就宽恕了自己。但如果是别人犯了错误，我们却很可能抓住对方的错误不放，纠缠不休。

但是，我们需要宽容。能够宽容别人的人，可以和各种人和睦相处，这反映了一个人自身的人格修养和广阔的胸襟。尤其是生活在当前这样一个复杂的社会中，我们更需要宽容。因为只有宽容才会发现别人的长处，才能够更好地与人合作，最终建立起自己良好的人际关系。

世界上事情总是有明暗两面，我们感觉到的究竟是明还是暗，是愤怒还是快乐，从本质上说，并不取决于事情本身，而且是要取决于我们看问题的角度。同一件事情，从这方面看让人愤怒，换一个角度看则可能会让我们觉得高兴。

有个叫爱地巴的人，一生气就跑回家去，绕着自己的房子和土地跑三圈。后来，他家房子越来越大，土地也越来越广，但一生气，他仍绕

着房子和土地跑三圈，哪怕累得气喘吁吁、汗流浃背。后来爱地巴老了，走路要拄拐杖，生气时他还是围着土地和房子转三圈。

孙子不解地问：“爷爷，你为什么一生气就绕着土地和房子跑?”爱地巴对孙子说：“年轻时，我不论和人吵架还是争论，只要生气就绕咱家的房子和土地跑三圈。我边跑边想：自己的房子这么小，土地这么少，哪有时间和精力去跟人生气呢？想到这里我的气就消了。气消了，我就有更多时间和精力去工作和学习了。”孙子又问：“爷爷，现在您老了，也成了富人，为什么还绕着房子和土地跑呢?”爱地巴笑着说：“老了生气时，我绕着房子和土地跑三圈，边跑边想：我房子这么大，土地这么多，又何必和人计较呢？一想到这里，我的气就消了。”

只是换个角度看问题，就能化解愤怒的情绪，甚至还能把愤怒的情绪转化为积极向上的动力，这是一种值得我们每个人都学习的智慧。

如果不懂得换个角度看问题，那么两个人之间哪怕仅仅是意见不合，都可能会出现大打出手的现象。这样的事情在现实生活中并不少见，比如两个人原本有说有笑地谈论某一话题，突然就会因为意见不合而出现争吵，如果争吵还不过瘾，那么二人就会大打出手。

其实，当你不能接受别人的观点的时候，你就应该意识到别人也有权利不认可你的观点。如果不具备这种换角度看问题的能力，那么争吵甚至动手，都是必然会发生的事情。

人这一生，总免不了碰到各种各样让人生气的事情。能够换个角度去看待这些事情，我们的愤怒就会减少很多，情绪也就不会失控。

检查一下，如果你具有以下的特点，那么你就要学会宽容了。否则，你将会成为一个情绪失控的易怒者。

（1）一发火就骂人、砸东西，甚至打人。

（2）情绪反应十分简单，缺乏幽默感，不会开玩笑，对于满意的事沉默不语，对不满意的事常会通过吵架、发脾气等方式解决。

（3）面对生活中的挫折，心理防御的方式只有一种，就是发泄。

（4）对很小的事也沉不住气。

（5）火暴脾气一点就着，什么事都干得出来，当时不能自控，事后又特别后悔。

（6）听不进任何人的劝说，尤其在情绪激动的时候。

不是每一个人都和你一样有修养，不是每一个人都和你一样成熟。如果遇到一些你无法理解的行为，你就去理解发生这个行为的人的还未成熟，如果你无法理解这个人的不成熟，那么就意味着你也还未成熟。如果遇到你无法忍受的事情，你就要学会暂时搁置或巧妙应对，避开即时的冲突，在合适的时机化解。更重要的是放下一分计较，报以一分善意。

时常默念下面一段话以修炼自己的心智：

对生命、对人、对所有事物，我一天比一天不爱计较，我一天比一天更放松，我一天比一天更柔软、更有爱。我不再坚持非这样不可，非那样不对。我可以接纳他人的不够完美，我不再批判和攻击，我释放出善意与祝福，我选择爱与奇迹。我可以放下我心中固执的观点，我可以学习再开放一些，再放松一些。当我越来越不计较，我就越来越轻松自在。

打开鸟笼，让鸟儿飞走，把自由还给鸟笼！

小强能量站

心胸宽广不仅可以使自己从仇恨与烦恼中解放出来，天天享受好情绪。还会使我们的身心得到放松，更能让我们的人际关系和谐，拥有好人缘。

第二节　善待他人，换位思考

有时候，宽容就是将心比心。人总是会问：为什么自己越是想要的东西就越是得不到？因为想要得到的时候，想到的只有自己，世界也就剩下了自己，于是越走越小，黔驴技穷。

既然退一步海阔天空，又何苦对眼前的鸡毛蒜皮斤斤计较？佛家常说，与人方便，自己方便。自己能够为别人着想，别人将心比心，也会为自己着想，或许这就叫宽容。或者在这个时候，想要的就会如期而至。

我们每个人的立场都不一样，每个人的目标也会有所不同。如果能够站在对方的立场上考虑问题，彼此都坦诚相见，建立彼此的信任，可以分享资料，交换意见，互助合作，其最终的结果是共赢。

在确认沙特阿拉伯地底下蕴藏着大量石油后，欧美西方国家争先恐后地来到沙特，找到国王萨乌德谈判，希望能够获得石油的开采权。

船王欧纳西斯虽然不是以石油开采为主营业务，但是他也加入到了竞争的行列中去。为了能够与国王见面，他用钱收买了国王亲信和王宫内几乎所有的工作人员，通过这些人的帮助，他亲自见到了国王。

“我不是为了争夺石油开采权的，我是为了贵国的繁荣而来的。”

已经被各国代表团闹得筋疲力尽的国王萨乌德，听到船王的这句话不禁留心起来。

“我建议陛下和他们交涉时，告诉他们，获得石油开采权的公司，必须用沙特阿拉伯的船来运送。只有这样，贵国只有在发货出去的同时，仍能确保一定的收益和产量的控制权。”

“可是在这个沙漠里，根本没有一条像样的船。”

“没关系的，贵国需要的船由我方给提供，而且不向陛下收取任何的费用，我还会把运费所得的利润的一半交给贵国政府。相信这笔交易，对你来说是再划算不过了。”

萨乌德欣然同意，至于那些争先恐后的石油开采公司，尽管也赢得了石油开采权，但是无法摆脱欧纳西斯的船运垄断权。

欧纳西斯的主要目的就是为了获得整个沙特阿拉伯的石油运输的垄断权。这样一来，只要沙特阿拉伯的石油不枯竭，他就永远有收入，而避免了和那些石油开采公司抢破头。

他之所以能够取得成功，并非是他独具慧眼，而是他懂得从对方的利益出发，让对方在合作中占到好处。

如果我们向客户推销产品，不单纯介绍产品的功能，而应该告诉对方，这个产品为什么适合他，让客户身临其境地体会产品的好处，客户怎么能不心动呢?

互联网时代的用户思维就是一次换位思考的革命，近年来，互联网圈子里最让人津津乐道的话题，非“三只松鼠”莫属。

2012 年 2 月“三只松鼠”创建于芜湖市某小区，上线 4 个月销售额突破 700 万元，去年双十一单日销量 3562 万元，2013 年产值达到 3 亿元。从品牌创立到实现月度销售额突破 1.6 亿元，仅用了 23 个月。

“站在用户的角度去思考”是“三只松鼠”的成功利器。“主人，你好!”“主人，你的坚果到了。”“三只松鼠”通过简短有趣的语言，使用户收到的不只是物品，而是内心的喜悦。为了方便用户打开包裹箱，他们在包裹箱上贴着一个开箱器。当你打开包裹箱映入眼帘的，除了包装精美的坚果，还有温馨的小卡片、封口夹（方便用户封住没有食用完的坚果袋)、湿纸巾、垃圾袋。说到这里，你是否也想去“三只松鼠”体验一下“主人”的感觉呢?

站在对方的立场上想，并不是不考虑自己的利益，而是让对方获利的同时，自己也得到了利益，是一种共赢的思想。

换位思考不但会使事业发展壮大，还会使人际关系越来越融洽。在我的一次课中，有一个企业的职员说，在他们单位上很多同事常常被他们的后勤主管弄得很不愉快，他也深受其害，于是我在课堂中帮他做了一个换位思考的练习，他释怀了，非但不觉得后勤主管可恶，还觉得后勤主管很可爱，并决定在以后工作中主动关心后勤主管。

有一对父女产生了隔阂，埋下了很深的矛盾，已经使得他们的关系走到了边缘，在我们开展的一次换位思考活动中，他们开始彼此理解，彼此心疼对方，使一段即将终结的关系变得其乐融融。

换位思考是理解至上的一种处理人际关系的思考方式。人与人之间需要互相理解、信任，并且要学会换位思考，这是人与人之间交往的基础。互相宽容、理解，多去站在别人的角度上思考。将心比心、设身处地，站在对方的立场上体验和思考问题，从而与对方在情感上得到沟通，为增进理解奠定基础。换位思考既是一种理解，也是一种关爱！

小强能量站

换位思考，你便能体会别人的心境、了解别人的需求，你就更容易让别人与你达成共识，乐于与你合作。

换位思考是人际关系中必不可少的润滑剂，它能使你获得更多的友谊，它能使你的家庭更加和谐幸福。

第三节　吃亏不一定失福

郑板桥曾说：“吃亏是福，难得糊涂。”吃亏怎么会是“福”呢？做人总想占便宜，怕吃亏，最终吃亏的还是自己。因为你丢掉了别人对你的尊重和信赖，最终结果是你什么便宜也赚不到，失去了别人对你的尊重，失去了朋友对你的信任，金钱就更不用说了，这个亏可吃大了。

反之，如果你愿意吃点亏，在工作之余，为亲人、朋友、同事、单位、公司，甚至为素不相识的人做些力所能及的事情，它可能会花费你一点时间，也可能会让你在经济上有点小小的损失，但是，你却会由此得到亲朋好友、同事、领导乃至社会的亲近、尊重、赞扬，而这些都是金钱买不来的。

据说有个砂石老板，没有文化，也绝对没有背景，但生意却出奇的好，而且历经多年，长盛不衰。说起来他的秘诀也很简单，就是与每个

合作者分利的时候，他都只拿小头，把大头让给对方。

如此一来，凡是与他合作过一次的人，都愿意与他继续合作，而且还会介绍一些朋友，再扩大到朋友的朋友，也都成了他的客户。人人都说他好，因为他只拿小头，但所有人的小头集中起来，就成了最大的大头，他才是真正的赢家。

吃亏是福，因为人都有趋利的本性，你吃点亏，让别人得利，就能最大限度地调动别人的积极性，使你的事业兴旺发达。

但现实生活中，能够主动吃亏的人实在太少，人性贪婪的弱点决定了人们都不想吃亏，不愿吃亏。可事实却是，当我们越不想吃亏的时候，我们可能越容易吃亏。

宋朝时，李士衡在馆阁任职，一次出使高丽，一名武将担任副使。高丽方面赠送了礼品财物，李士衡并不在意，只是把它交给副使管理。当时船底出现隙缝漏水，副使把李士衡得到的丝绸细绢垫放在船底，然后放上自己的东西以免弄潮。

船到大海之中，风浪汹涌，船又太重，很危险，船员要求把装载的东西全部扔掉，否则船翻人亡。副使也很慌张，就急急地把船上的东西抛入大海。大约东西丢了一半，风浪平息，航船稳定了。过后检点一下，丢掉的都是副使的财物，而李士衡所得的物品由于放在船底，只是受了点潮罢了。

吃亏是福，吃小亏占大便宜。但是吃亏也是有技巧的，会吃亏的人，亏吃在明处，便宜占在暗处，占了你的便宜还让你感激不尽，这也是做人吃亏时的智慧。

读廖莎写的《红尘道场》，我们看到金莎苑酒楼在成长途中也曾屡屡吃亏，甚至也有伤筋动骨的瞬间雷震。但“以慎至福”是其一向恪守的基本信念及态度，并坚信“小人不去，君子不来”，于是，决不陷入追究或纠缠旋涡，反倒更注重检讨自己，加强和优化内部管理，着力完善企业文化，致使企业品牌因祸得“福”而更为强盛了。

这种心态，这种行为，就是修炼到了“吃亏是福”的真谛。诚如书中所悟：“凡成功与富有者，若未修炼到家是承载不了大福报的，必酿成祸患。”“吃亏是福”，原本就是一种修炼、一种涵养！

由此来看，奉行“吃亏是福”，实际上是很有经济学思维的：首先吃亏是开窍增智之成本，我们常说“吃一堑，长一智”，也就是这个道理。其次，没有人偏好吃亏，同样，也没有人能保证永不吃亏。做企业、干事业，不吃点亏，就等同于没有打足成本。而不支付足够的成本，人怎能成长？企业怎能成长？

但是，奉行“吃亏是福”，也应该有一个底线。一般的亏我们可以不在意，但如果太过分、太离谱，我们却也不能纵容。有句箴言说：“对于恶人，没有和平。”

法国艺术家安格尔在引用此语后进一步阐发自己的立场说：“不管发生什么情况，我将加倍努力，为的是有朝一日给我那些卑鄙无耻的敌人以回击。”可见，“吃亏是福”并不适用于一切吃亏现象。对于那些专以损人利已为能事的恶人、敌人，就不能安于吃亏，因为这只会助长其变本加厉。

格力空调是我们熟知的品牌。但我们也许还不知道，格力空调是市场占有率最高的空调，而它能做到这一点，与其总裁董明珠所阐述的“吃亏是福”的精神有很大的关系。

或许有人要问：利润是企业生存和发展的前提，“吃亏”能让企业赢利吗？对于这个问题，格力电器的光辉业绩已经给出了肯定的答案！不管别的空调公司如何在材料上节约成本，格力电器始终用最好的材料制造出质量最好的空调。

信奉吃亏是福的董明珠，在与经销商打交道时，不用经销商提醒，就会主动替他们考虑到赢利的问题。以至于很多经销商感叹：跟董明珠合作，都不用你去想赚钱的问题。

格力电器这种踏实、看似吃亏的精神，为它迎来了最忠实的客户和经销商，使得格力空调连续十几年成为中国空调销售的冠军。

其实，人际交往亦是如此。有句话说得好："有人就有江湖，有江湖就有仇怨。"这样必然就会存在吃亏和受益。人是群居性动物，在人际交往中，想要绝对的"平等"是不可能的，在不同的场合、不同的事件中，与不同的人交往，总要有人吃亏，有人受益。

但吃亏和受益是相对的，同时也没有严格的衡量标准，有些事情你自己可能认为是受益者，而在别人看来，你却是"吃亏"了；而有些事情你认为自己"吃亏"了，但别人却有可能认为你是受益者。

"塞翁失马，焉知非福。"事物总是向前变化发展的，有些事情当时是受益了，最终导致的结果仍有可能是"吃亏"；有些事情当时可能是"吃亏"了，最后却有可能会出现一个受益的结果。

像格力电器在电器市场纷纷降价的形势下，它坚守阵地，当时它可能是"吃亏"了，但是它因此赢得了消费者和同行的信任和尊重，这为以后的发展开辟了广阔的空间。

小强能量站

诚然，"吃亏是福"并不是要我们不思进取，消极生活，否则"吃亏”将会是无知、无能的代名词。所以，我们要学会吃亏，要从吃亏中悟出积极为人处世的道理，从吃亏中提升个人的品行和素质。

第四节　宽恕那些伤害你的人

让一分为高，宽一分为福。品质是一个人内心世界的真实反映，其高低可以表现在许多方面。其中，有机会报仇却放弃，反而帮助自己的仇人脱离危险的宽容之心是最高尚的。宽容之心是无价之宝，拥有宽容心的人定会拥有幸福的生活。

宽容是一种处世的大智慧，当一个人看透了社会人生之余，必会获得一分从容和超然。智者是宽容的，越是有智慧的人，其胸怀越宽广，因为他明白，这种态度不仅能让他人释怀，同时也是善待自己。

1860 年，林肯当选为美国总统。当时有一个参议员叫萨蒙·蔡思，他被大家认为是一个狂态十足、极其自大而且妒忌心极重的家伙。他狂热地追求最高领导权，本想入主白宫，不料落败于林肯，只好退而求其次，想当国务卿，所以有人反对让他进入内阁。

但林肯却认为这个家伙确实是个大能人，在财政预算与宏观调控方面很有一套，所以就任命他为财政部长，并一直十分器重他，通过各种手段尽量减少与他的冲突。但蔡思却不领情，依然为谋求总统的位置而四处活动。

时任《纽约时报》主编的亨利·雷蒙顿在拜访林肯时，把蔡思的言行告诉了林肯。

林肯给他讲了一个故事：有一天，林肯和他兄弟在肯塔基老家的农

场里耕地。干活的那匹马很懒，总是磨洋工。可是突然之间，它却在地里飞跑起来，以至于兄弟俩差点都跟不上它。到了地头他们才发现，原来有一只很大的马蝇叮在马的身上。林肯不忍心让马被咬，就把马蝇打落在地。可他的兄弟却说："别打呀，就是因为有那只马蝇，马才跑得这么快。"

讲完这个故事，林肯意味深长地对雷蒙顿说："现在正好有一只名叫'总统欲'的马蝇叮着蔡思先生，那么，只要它能使蔡思那个部门不停地跑，我还不想打落它。"林肯所拥有的宽广胸襟和知人善任的能力，使他成为美国历史上最伟大的总统之一。

胸宽则能容，能容则众归，众归则才聚，才聚则业兴。这样的道理其实并不难懂，但真要落实起来就不那么容易了。

宽容和阿Q之间只是一线之隔。但人们宁愿做一个宽容的阿Q，也不愿意成为一名较真的唐吉诃德。人年轻的时候总是年少气盛，凡事都喜欢较真，非拼个你死我活誓不罢休，在伤害别人的同时也伤害自己。

年龄让我们学会了宽容待人、豁达看事，虽然不知道这是种妥协，还是种境界，或者说，懂得在什么时候妥协、什么时候退却，这本来就是一种境界。毕竟世界的路不都是直的，横冲直撞只会头破血流。

所以，妥协和宽容也是一线之差。这个世界有很多东西都是模糊的，越是极端的东西就越容易夹缠不清甚至貌似是殊途同归，这就是物极必反的天理。而真正的境界和智慧或许就是，在夹缠不清中分清种种极端，把世人看来的模糊变得透彻，便是至境。

有个富翁，儿子结婚大喜那天晚上，忽然里里外外一片漆黑，经过半个小时的检查，才发现原来是电线被人掐断了。

这时，富翁忽然听到门外有一片喧闹声。原来，门外有个小伙子正和帮忙的人拉拉扯扯。

那人愤愤不平地对富翁说：“这个人穿得破破烂烂的，没人认识他。他说电线是他掐断的，叫嚷着要好酒好菜伺候。我不给他，他就破口大骂。您说，有这样不讲理的人吗?”

那个小伙子仍然气势汹汹，不仅不肯离开，反而坐在富翁门口，叫嚷着不满足他的要求就要冲进去打富翁。

富翁见此情景，心中思忖片刻，便平静地对那个小伙子说：“我很高兴你来祝贺，吃顿饭是看得起我，这本来是好事，值得争得这样面红耳赤吗?”他急忙让人点上蜡烛，命令大厨端出最好的酒菜，并把小伙子请到上座。

等小伙子酒足饭饱后，富翁又让人给他装了一篮子饭菜，说：“这些给你家人吃。什么时候想吃都可以过来。这里有50元你先拿着，不够用随时可以来找我”。小伙子接过篮子，不好意思再闹下去，把电线又接上了。

原来，小伙子生意破产后，万念俱灰，看到富翁越过越好，心里实在不平衡，于是就来到这里寻衅滋事，没想到富翁以圆融的手法化解了，只得作罢。

后来，别人问富翁为什么不教训那个小伙子一顿或者报警，却忍下这口气，还好饭好酒伺候，富翁回答：“吃亏人常在，能忍者自安。大凡世上的祸端多起于鸡毛蒜皮的小事，凡事不能忍者只是愚勇，只能把小事变大，带来意想不到的灾祸，而忍才是安身立命的法宝。”

试想，倘若富翁不施舍那位破产的小伙子，他一时冲动很可能会做出伤害富翁的事情。富翁心中能忍，妥善应对了小伙子的无理挑衅，从而安然摆脱险情，这无疑是一种大智。

宽容是一种美德，更是一种生活哲学，一种处世的大智慧，一种非凡的气度，它代表了心灵的充盈和思想的成熟，它超然于狭隘、自私、固执等一切负面情绪之上。

小强能量站

宽容来自不断修炼自己的心胸，宽容是淡化矛盾、解决问题的良策，忍一时风平浪静，退一步海阔天空。真诚宽容别人的过错，坦然应对生命小舟中的每一个险滩，大踏步地跨过狭隘的情感天地，昂然前行，以爱人和爱世界的大度赢得别人的尊重。

第五节　学会在忘记中轻松生活

生活中，伤害随时都可能发生，关键是怎样对待伤害，怎样治愈伤害。如果活在念念不忘的旧恶中，只会给自己的生活带来更大的烦恼，给身心带来更大的伤害。

有一位画家为了报复当年与他竞争的同门师兄，宁愿把自己的画作烧毁，也不愿意卖给喜欢他的画的师兄之子，每天他都阴沉着脸坐在画前，自言自语地说："这就是我的报复。"久而久之，他觉得自己的画作越来越不如以前。这使他苦恼不已，不停地找原因。

有一天，他正在作画，忽然跳了起来，原来他发现画布上出现了一双眼睛，继而出现了嘴巴、鼻子……而一切都与他的师兄惟妙惟肖。

画家为此惊出了一身冷汗，大声咆哮起来，把所有的画作撕了个粉碎，并且高喊："我已经报复到自己头上来了！"

一个人终日生活在旧恶里，身心不得安宁，实在是对自己最大的折磨。这样沉重地活着，总有一天会把自己压垮。而学会不念旧恶，身心才能轻松，生活才能真正地轻松。

有一个刚到种子公司帮忙的年轻人，春播时带回了一些耐旱高产的小麦品种。据说这种品种的产量能比往年翻一番，常年靠天吃饭的村民们知道了这事，高兴地纷纷来到年轻人的家，要求让他帮忙买点良种。

他们心想：种子公司的良种肯定不会假。可无论人们怎么磨破嘴皮，年轻人就是不答应。

原来，年轻人始终记得那些曾伤害过他的人和事：小学时欺负他的同桌，浇地时与他打架的人，为丢一只鸡，怀疑他并在房顶上大骂三天的邻居。这些来要小麦种的不是跟他的仇人沾亲带故，就是相互关系不错。他若给了他们，那些仇人们不也就得到了吗？

第二年春天，年轻人将自家的田里全都种上了这些小麦良种，等待着一个丰收季节的到来。

谁曾想事与愿违，这一年他家的小麦不但没有丰收，而且比过去普通种子的产量还要低。

年轻人百思不得其解，便去种子站找农业技术员询问。农业技术员实地看了看，然后对年轻人说："这是良种接受了附近普通麦种的花粉所致，假如大家都种上了良种，就不会这样了。"

年轻人这才醒悟，感叹道："因为旧日的怨恨，现在生活都无法遂心如意啊！"第二年，他特意到种子站购买了许多良种，不仅送给与自己的麦地相邻的人，也送给去年要种遭拒绝的人。他看到以前那些见到他投以怨恨目光的人们，现在都热情真诚地打招呼，友好、亲善地对待自己。

宰相肚里能撑船，之所以千百年来作为一种美德受到人们的推崇，而今作为一种人际交往的心理因素也越来越受到人们的重视和青睐，实在是因为那种宽宏大量、光明磊落的胸怀，表现出了别人难以达到的高度。它是一种爱的力量，折射出自身人格高尚的光彩，让别人的精神境界也能得到升华。

小强能量站

学会忘记是一种心态，更是一种对心灵自由的追求。学会忘记吧，忘记名利的角逐，忘记利益的争夺，忘记失恋的痛楚，忘记屈辱与仇恨，忘记心中所有难言的负荷，让生命好好地享受一次从未有过的轻松与自在吧。忘记，你会得到恬静与从容；忘记，你会变得乐观与豪爽；忘记，你会赢得尊敬与信赖；忘记，你会拥有幸福的人生。

第六节　品格就是力量

爱默生说："一味愚蠢地强求始终公平，是心胸狭窄者的弊病之一。"因为我们不可能对人生投"弃权"票，所以就必须在努力争取的同时，学会宽容，才能正视不公平。

有一对邻居，他们一向不和，在各自的田地里都打上了堤埂，他们的田地里也都种了西瓜。王姓邻居勤劳，锄草浇水，瓜秧长势很好；张姓邻居懒惰，不锄不浇，瓜秧又瘦又弱，惨不忍睹。

人比人，气死人。看着对面王姓邻居的瓜长的可人，张姓邻居觉得失了面子。在一天晚上，趁月黑风高，偷跑过去把王姓邻居家的瓜秧全都扯断。王家的人第二天发现后，非常气愤，对家人说："咱们要以牙还牙，也过去把他们的瓜秧扯断！"

王家的老人说："他们这样做固然不对，但我们也不能因此就跟着学，那样太小气了。你们照我的吩咐去做，从今天开始，每天晚上去给他们的瓜秧浇水，让他们的瓜秧也长得好。而且，一定不要让他们知道。"

家里的人觉得老人说得有理，就照办了。

张家的人发现自己家的瓜秧的长势一天比一天好起来，觉得奇怪。仔细观察，发现每晚都是他们的邻居悄悄过来替他们浇水。

张家的人十分惭愧又十分敬佩，深感邻居和好的诚心，于是备礼以示歉意。结果他们成了让人羡慕的好邻居。

俗话说："远亲不如近邻。""冤家宜解不宜结。"对待不公平的事，一定要理智，不要莽撞地做出结论，那样既解决不了事情，而且使邻里关系更加恶化。要用宽容的心态去面对，用平和的心态去面对，它是化解种种不快的至尊法宝。

我们所处的是一个狂热追逐金钱的时代。然而，一个奇怪的现象却是，虽然身处这样的时代，那些衣衫褴褛、身无分文的作家和艺术家，衣着朴素的大学校长，他们在社会上反而更有声望，报纸也更愿意不惜篇幅来报道他们的行踪或活动。之所以有这种反差，也许要归因于追求知识和追求财富是两种不同性质的活动：前者有更多积极的影响，而后者存在着很大的负面作用。我们几乎可以肯定地说，在以金钱为标准的世界里，一个人的成功同时也是对社会的贡献，这几乎可以说是一种规律。

个性是我们刻在事物上的标识，正是这种无法涂抹的标记决定了所有人、所有劳动的全部价值，我们都相信个性成熟的人。一个伟大的名字意味着怎样的一种魔力啊！西奥多帕克过去常说的一句话是："对于一个国家来说，苏格拉底的价值远远要超过像南卡罗莱纳这样一个州的价值。"

两度出任英国首相的政治家约翰·罗素说："在英国，所有的政党都有一种天然的倾向，他们都试图寻求天才人物的帮助，但最后只接受那些具有伟大品格的人作指导。"

对一台机器，我们可以根据它所能够承受的最大压力来检测它的性能，但房间的温度也许就会决定它的性能。然而，对一种伟大的品格与修养来说，谁又能估算出其内在的力量呢？

如果一个人愿意为某种不是自己欲望的东西而奉献全部的时间、精力，必要时甚至愿意以生命为代价，那么，无论他为之献身的东西是什么，国王也好，国家也好，肤色也好，或者同胞也好，可以说，他的所作所为比人们所做的一切斋戒和祷告都体现出更多的基督精神。

伟大的人物身上都有某种特殊的品质，从而使人们对他们产生了一种远远高于其实际表现的期望。他们具有的那种力量，多数是一种内在的力量，而这就是我们称之为品格与个性的东西；这种力量是无声的、内涵的，它借助自己的存在就能产生许多直接的影响，而无须通过其他媒介。一个人借助能力、口才也可以获得成功，是因为他本身就位于别人之上，而不是靠着某些外力的作用；他一出现，一切就因此而改变，所以他能够无坚不摧。

无论在哪一个国家，总会有这样一些人，他们甚至不用发号施令，就可以实现自己的目的。他们的影响力和自身的能力几乎不成比例；人们也难免感到诧异，究竟是什么原因，使人们这么容易就听命于他们？其实这不奇怪，所有阶级的人都会敬仰并追随那些具有伟大品质的人，因为品格就是力量。

要使生活真的做到“放轻松”，你就必须训练自己自如应对生活琐事的能力。生活由一出出戏剧组成，喜剧、悲剧、闹剧等剧种不可避免地轮流上演，你必须具备化悲为喜、严防乐极生悲的意识，才能随时保持一份轻松平和的心态，凭着这份稳健的自信去闯荡人生旅途的风浪。

小强能量站

品格是一种生活态度，它使你宠辱不惊，它是一种对生活充满了宽容与仁爱的心态。它是幸福人士必备的素养，它使你能够淡定选择对待生活的态度，它使你在不公平的社会里保持一颗轻松平和的心，并能够结合实际环境创造出新的生活方式。它使你能够自主地选择，它赋予你一个更加轻松愉悦的自我。

第五章
爱让生命如此美好

第一节　让你的心中充满爱

每个人在诞生的那一天都会收到一件生日礼物，这就是世界。那里面装满了作为人所需要经受的一切，不都是阳光与欢笑，也装满了许多痛苦和眼泪。它既包含着许多魔力、很多奇迹，也有很多混乱。

然而，这正是它的意义所在，这就是生活。当你打开这件礼物，将自己置身于这个世界中的时候，你将永不怀疑生活的价值和意义。

在生活中可以见到这样一种人，他们总是讲："我心中充满了爱，我对爱坚信不疑。"可是当他们询问餐厅女服务"哪有水"的时候，态度却是那样蛮横、轻蔑、高傲。

只有当你用你的行动表明了你的爱时，别人才会相信你心中有爱。

那么，到底什么样的人才算得上是充满爱的呢？首先，他们必须热爱自己。事实上，如果你不爱自己，你将永远不会去爱他人。

犹太作家爱拉·威索尔曾这样精辟地写道："当我们告别人世去见上帝时，上帝不会问：'你为什么没有成为救世主？你为什么没有找到人类痛苦的根源?'而他将会问:'你为什么没有成为'你'?"

在一部电视剧中女主人公说:"现在我知道了,自己为什么总是郁郁寡欢,精神上感到痛苦,因为我希望每个人都爱我,而这是不可能的。尽管我可以使自己成为世界上最鲜美的桃子,可还是有对桃子过敏的人。"

这话讲得多么深刻!

接下去她又说:"如果别人想要香蕉,我可以使自己成为香蕉,但我将永远是一个二等品。而事实上,我本来可以成为最出色的桃子。如果我全心付出,那么喜欢桃子的人就一定会因为我而变得幸福。如果我又要满足另一部分人的需要不做桃子,而把自己变成香蕉,那么,他们又会说,你做桃子更合适。这时候,我就会进退两难,两个都做不好了。"

如果你面对你内心的"自我",拍拍肩说:"喂,这些年你究竟藏到哪去了?现在我们来到一起了,让我们一块儿向前走吧。"那么,你将会发现你身上蕴藏着的潜力是无限的。

然而,你如果就此止步,这个自我发现只不过就是一次令人赞赏的历程。只有当你认识到"我们"这个"大家",并把爱献给他人时,你才会成为真正的"你"。

在一节火车车厢的一群旅客中,正巧一个大学生坐在中间。他滔滔不绝天南地北地谈着,看上去似乎无所不知。可是在交谈中,他每句话都带着"我"。在几个小时的旅程中他很少顾及"大家"。

和他形成鲜明对比的是在机场候机大厅的另一个人。当时,大雪纷飞,乘客已被困在那里有两天一夜了。有的人一直叫着:"我要离开这

里！这该死的雪！”然而，就在这群人中间有一位妇女，她挨个走到带孩子的母亲面前说：“来，把孩子交给我吧，我要搞个幼儿园，给孩子们讲个有趣的故事，您可以借这个机会喝口水、吃点饭或是去卫生间。”

为什么会有两种截然相反的态度呢？是否有一个强烈的意识：一个心中充满爱的人，时常会有给他人带来方便的意识。当你这样做了以后，你将会从别人看你的眼神中得到一种心灵的满足感，那种快乐只有身临其境的人才能感受到。

我们在开始一天生活的时候应该提醒自己学会爱自己，并且去爱他人，应该努力去发现世间美好的事物，那么，从外界的反映中，你将发现一个可爱的自我。假如在你卧病在床的时候，身边没有一个人来看看你、没有一个人紧握你的手，这说明你在生活中从未曾伸出过友爱之手去帮助他人。

在你身旁就有一个人需要得到爱的温暖，有一个过马路的老人需要人搀扶，还有个心态不好的女服务员需要引导和鼓励……这些不都是可以去做的吗？这些虽然不是惊天动地之举，可是做与不做却是大不一样。如果真正把爱这个巨大能源释放出来，我们可以把这整个世界照亮！

可能许多人早已发现，当我们满怀希望地在成长的路上奔波之时，总会遇到许多的不公平。也许，你奉献了满池甘露，却未尝得到一丝清甜。可能你用善良装点世界，却听不到一声赞许。于是你沮丧人世的苍凉，诅咒命运的不公。

别抱怨一切都是假的，别抱怨一切都是虚伪的，别说自己枉活了这许多个春秋，别说自己永远得不到别人的爱戴。生活的路上，你已跌倒了许多次，但每次你都得坚强地爬起。在深一脚、浅一脚的跋涉中你已经经历了无数次风雨，但泥泞的路上，你仍旧需要微笑着面对未来。

请相信，依然有人理解你、尊敬你，更有人爱你。一味地自卑和抱怨只会把本来美丽的生活染成灰色，你更会从此走入人生的低谷。凡事只在一念之间，甩甩发热的头脑，别在意太多，要相信世界依然美丽。

摘选一首诗《不管怎样》与大家在爱的路上共勉：

人们不讲道理、思想谬误、自我中心，
不管怎样，总是爱他们；
如果你做善事，人们说你自私自利，别有用心，
不管怎样，总是要做善事；
如果你成功以后，身边尽是假的朋友和真的敌人，
不管怎样，总是要成功；
你所做的善事明天就被遗忘，
不管怎样总是要做善事；
诚实与坦率使你易受攻击，
不管怎样，总是要诚实与坦率；
你耗费数年所建设的可能毁于一旦，
不管怎样，总是要建设；
人们需要帮助，然而如果你帮助他们，却可能招致攻击，
不管怎样，总是要帮助；
将你所拥有最好的东西献给世界，你可能会被踢掉牙齿，
不管怎样，总是要将你所拥有最好的东西献给世界。

（录自加尔各答儿童之家希舒·巴满墙上的标示）

生活本身不是一个目标，而只是你走向某个目标的过程。目标的实现要靠一步一步走，如果每一步都有爱的滋润就会变得扎实而有意义了。

小强能量站

每个人都有爱的能力，但并不是每个人都有爱他人的能力，而后者才是爱的真谛。有人说，如果给爱下一个定义的话，唯一能够概括其全部含义的字就是“生活”。你一旦失去了爱，也就失去了生活。

从现在做起吧！

第二节　爱自己才会爱他人

在生活中，有很多人都是为别人活着。有人是为自己的爱人、父母或是子女；也有人是为金钱活着，为虚名活着。有多少人想过，自己活过这一遭到底是为了什么吗？很少有人想过要抛开一切，为自己而活，快乐地为自己活着，因为只有爱自己，才会爱他人。

美，是因为我们珍视；珍视，是因为美如此短暂。生命也是如此，唯有快乐地活着，才能让我们体会到生命的五彩斑斓。

有一天，上帝创造了三个人。他问第一个人：“到了人世间，你准备怎样度过自己的一生？”第一个人想了想，回答说：“我要充分利用生命去创造。”

上帝又问第二个人：“到了人世间，你准备怎样度过你的一生？”

第二个人想了想，回答说："我要充分利用生命去享受。"

上帝又问第三个人："到了人世间，你准备怎样度过你的一生？"第三个人想了想，回答说："我既要创造人生又要享受人生。"

上帝给第一个人打了50分，给第二个人打了50分，给第三个人打了100分，他认为第三个人才是最完美的人，他甚至决定多创造一些"第三个"这样的人。

第一个人来到人世间，表现出了不平常的奉献感和拯救感。他为许许多多的人做出了许许多多的贡献。对自己帮助过的人，他从无所求。他为真理而奋斗，屡遭误解也毫无怨言。慢慢地，他成了德高望重的人，他的善行被人广为传颂，他的名字被人们默默敬仰。他努力地做贡献，却从未好好享受过阳光、鸟鸣和放松。他离开人间，所有人都依依不舍，人们从四面八方赶来为他送行。直至若干年后，他还一直被人们深深怀念着。

第二个人来到人世间，表现出了不平常的占有欲和破坏欲。为了达到目的他不择手段，甚至无恶不作。慢慢地，他拥有了无数的财富，生活奢华，一掷千金，妻妾成群。后来，他因作恶太多而得到了应有的惩罚。正义之剑把他驱逐人间的时候，他得到的是鄙视和唾骂。若干年后，他还一直被人们深深痛恨着。

第三个人来到人世间，没有任何不平常的表现。他建立了自己的家庭，过着忙碌而充实的生活，但是他很快乐。若干年后，没有人记得他的存在。

人类为第一个人打了100分，为第二个人打了0分，为第三个人打了50分。这个分数，才是他们的最终得分。

单纯说来，人似乎只可以划分为这三种人。上帝的打分和人类的打分存在着天差地别，人类说："失误的上帝！"可是人类却听不到上帝的回答。最好的解释是：人要为自己活着，可不是为上帝和别人而活。

世界是属于每一个人的，世界赋予我们生命，我们就该好好珍惜。不管怎样，我们都该好好地为自己活着。不论是平淡无奇的，还是丰富多彩的。

只要你有善良，你心中有爱，就可以充实地度过每一天，这就是回报。金钱、名利算得了什么？在乎这些只会累一辈子。永远记住：真正的财富是健康的身体，简单的生活和心情上的海阔天空。

为自己活着，并不等于自私自利，凡事只在自己头上画圈圈；为自己活着，不等于把自己锁在进步的起点，整日高念"事不关己，高高挂起"。为自己活着，那是一种从名利和金钱中的解脱，一种对生命的敬畏。

其实生命是很脆弱的，我们唯有更加爱护自己，才能让自己活得精彩。时常用我们的双手抚摸一下自己的身体每一个部位，给它们一分关注，给它们一分爱，感谢它们陪伴你这么多年；时常平静下来和自己的心灵有些交流，让它感受到你的陪伴，从此不再孤独；当情绪激动时好好安抚它，不要因为情绪过激而伤害了自己的身体。偶尔为自己买一些漂亮的衣服和喜欢的物品，愉悦一下自己的心情；偶尔出去旅游，开阔一下自己的视野和心胸；偶尔去参加一些学习，更新我们的思维，滋养我们的生命。

有的时候生活总和我们开着善意或不善意的玩笑，其实好好爱自己、快乐地活着才是最重要。当我们懂得爱自己，当我们拥有足够的快乐，我们才懂得爱他人，我们才能把快乐带给他人。

有的人不懂得爱自己，总是向外界去寻求别人来爱自己，甚至为了得到一分认可和一分爱，时常做一些事情来讨好别人，然而，当这种需求得不到满足时，有人伤心，有人愤怒，有人伤害自己，有人伤害一段关系。

很多女人说，现在好男人不多了，导致自己成了剩女。到底什么样的男人值得嫁？在妇女界流传着一句话：有100万元给你花10万元的男人不一定爱你，但有100元却给你花99元的男人一定值得嫁。

王丽丽结婚了，两口子志同道合，都是那种生活很精致、爱花钱、爱玩的主儿。如果按照“我有100元，要给老婆花99元”的标准，她老公简直太不合格了，用她的话来说就是，“如果我们家只剩下100元钱，他会慷慨地给我50元，自己留50元。”

说这话的时候，她老公笑眯眯地辩解：“我没那么小气，给你60元，我留40元就行，再不济，30元也行。不能再少了，这可是我的极限了。”女友抛给我一个委屈的眼神，“看看，就这么自私。”

丽丽这是得便宜卖乖，说她老公自私，是挺冤枉他的。他去香港给自己买块劳力士手表，不忘给她带回块欧米茄手表。只要是他能消费得起的，他一定会给她照单来一份。他的确不是舍得让自己吃亏的那种人，可也同样舍不得让丽丽吃亏。

其实，会爱自己，不等于自私，而是人格健全的风向标。会爱自己的人不会伏低做小，不会以损害和牺牲自己的尊严来赢得别人的爱，他们会以爱来赢得爱，以不爱对待不爱。

懂得爱自己的人，和谁结婚都会幸福；一个自身缺失爱的人，容易导致婚姻失败。如果你不懂爱自己，怎么会去爱别人呢？

在生活节奏日趋加快的今天，倍感压力的现代人多渴望自己能够在紧张忙碌的学习、工作中松弛身心，减轻压力！而事实上却没有多少人能够如愿以偿，大多数人依然为生活所累，终日劳心费力、疲惫

不堪。人们想松弛身心却做不到，因为他们没有深入思考应该怎样放松自己。

我们每一天都应该调整好自我状态，在学习、工作之余努力放松自己，在点滴生活中发现美的闪光点，不可以让疲惫、无聊、等待的感觉浪费生命。

能否做到从每天紧张繁忙的学习、工作中挤出时间给自己一点放松的闲暇，不但要看一个人的心理素质如何，更要找到一种事半功倍的方法。因此不管时间有多紧迫、任务有多重，只要感觉到工作效率开始下降，精力不再集中时，就要及时抽出时间调整，暂停工作并能及时转入放松状态。

事实上，许多人在考试临近时是绝不肯每天分出一小时的时间来读散文、逛街或看电视的。他们总认为“现在一刻也不能放松！等熬过了这一阵子，再去睡他一天一夜”。

其实，每天有规律地做到张弛有度，我们不仅浪费不了时间，而且还可以节约时间。最好不要忘记，那种期待到了将来的某一时刻才开始放松自己的计划是不可取的！如果你现在需要放松，你就现在开始放松自己。

谦和轻松的心态有助于激发潜能，最大限度地提高你的工作效率。只要时常保持一种平和轻松的心态，你就能在不知不觉中走向成功。

要知道，创造力源于轻松和谐的思维，紧张忙乱的情绪只能给我们的事情添乱。有位成功作家向别人介绍经验时说：“当我感到紧张、压力大的时候，我就不会浪费时间试图写哪怕一个字；但等我恢复了轻松平和的状态后，我笔下的文章就源源不断地产生了。”我们不妨向她学习。

好好爱自己，不必管别人怎么想，不必去在意别人的有色眼神和带刺的话语。只要你在生活，在努力着，前进着，你就是快乐的、幸福的。

小强能量站

你是一切的根源，你是爱的出发点，爱自己，让源头有足够的爱，才能流淌出更多的爱。你的生命中有一个“小孩”，他需要爱的滋养，而滋养他的人就是你自己。好好爱自己，这个世界上爱最了不起。

第三节　父母是最可敬的人

人生在世，最难舍、最珍贵、最让你铭刻于心、终身与你相依相伴的、最无私伟大的，是父母赋予孩子的爱，无论你走到哪里，无论天涯海角，都会有父母无尽的牵挂和盼望的眼神一路追随。父母在每个孩子的身上花费的心思和给予的爱都是很深厚很真挚的，他们却不求任何的回报，只希望孩子们能过得幸福。

百善孝为先，对父母的感恩和孝敬是中华民族的传统美德，更是人类的美德。

有一天，一个女孩与妈妈争吵，一怒之下离开了家，这个女孩一个人在外面游荡，直到傍晚的时候感觉肚子好饿，于是她站在一个面馆前看着橱窗里热气腾腾的面发呆，这个时候面馆的老板亲切地问她：“小姑娘，进来吃一碗面吧。”女孩子说：“可是我没有带钱。”老板看着她那楚楚可怜的样子说：“我请你吃吧。”

女孩子一边吃着香喷喷的面条，一边说：“老板，谢谢您！您真好！今天都怪我妈妈唠唠叨叨，害得我生气出门忘了带钱包，都饿了一天了，老板谢谢您！谢谢您！”老板笑着说：“孩子，我就为你做了一碗免费的面条，你就这般的感谢我，你可曾想过，妈妈为你做了多少餐免费的饭菜啊，孩子，你有像今天感谢我这样去感谢你的妈妈吗?”

女孩听了之后，想着这些年妈妈无怨无悔地照顾自己的生活，为自己做了无数餐美味的饭菜，可是自己从来没有感谢过妈妈，还时常会怪妈妈不够好，想到这些，女孩的泪水顺着脸颊滑落，于是女孩子告别了面馆老板，往家里走。当女孩回到自家路口的时候，看到妈妈正在路口着急地张望，很显然妈妈是在等她，当妈妈看到她的时候，妈妈说：“你跑哪去了呀，肚子饿不饿啊，赶紧回家吃饭。”

女孩回到家里一看，饭桌上都是自己喜欢的饭菜……只从她懂事以来，她就发现每一餐饭妈妈都做她喜欢吃的菜，而极少做妈妈喜欢的菜。女孩看着桌子上的饭菜，转身对妈妈说：“妈妈谢谢你！妈妈我爱你！”

在当今快节奏的社会，人们总是喜欢把“忙”挂在嘴边，除了工作还是工作，好不容易迎来了周末，他们还要忙于各种交际，根本无暇回家看望老人。家中父母挂念儿女，就会通个电话，听到儿女都说“忙”，不仅感到万分寂寞，还为儿女的拼命工作感到疼惜。

然而却有人认为，现在的努力工作就是为了让父母的晚年生活更加幸福，而且钱挣够了，自己今后还能早退休，每天陪伴着父母。

但是，意外时有发生，我们并不能预知未来，更不能知道自己的父母还能在世多久。而这其中的道理也只有经历过的人才能深刻地明白。

有一个青年，他的理想就是想要成为一名作家，为了能够尽快实现这个理想，他在家中废寝忘食，并且为了自己能够专心写作，他拒绝别人的打扰，包括自己的父母。后来为了能让自己的思维更加开阔，他甚至搬出了家，到了一个清净的山村居住。

父母非常挂念他，可是又怕打扰他的写作而没有给他打电话。而这个青年一直都只专心于写作，已经忘记了自己的家人。因为长期熬夜，不按时饮食，他的头总是一阵阵疼痛。但是他却以为头痛只是暂时的，所以对此毫不在意，当头痛来袭，他就用毛巾将头部勒住，这样头痛感就减轻了很多。

但是，随着时间的流逝，头痛感不但没有减轻，而且还越来越严重，终于有一天，他晕倒在了地上。而当他再次睁开双眼的时候，看到了守在自己身边两鬓已经斑白的父母，还有年龄很小的妹妹。而他也知道了自己头痛是由于脑中生了恶性肿瘤，肿瘤压迫神经造成的。现在，因为病情非常严重，只能尽量延长生命长度，无法彻底根治。

在他将要离开人世的这段时间，他除了写作，还陪父母聊天、看电视，而这时，他才发现自己错过了孝顺父母的时间。但是，病魔并没有同情他，三个月后，他静悄悄地离开了人世，死之前，他想，如果有来世，他一定会好好孝敬爸爸妈妈。

也许你会说："虽然不能陪伴父母，但是我可以给他们更好的物质生活。"这并不是尽孝，就算是尽孝，这种方式也是最低级的。在竞争如此激烈的今天，人们不得不为了更好地生活而去忙碌，但是，别忘了时常给父母打打电话、聊聊天、谈谈心。

古语云："树欲静而风不止，子欲养而亲不待。"随着我们身体日益强壮，父母却在一天天衰老下去，在世的时间已经进入了倒计时，而这也意味着我们尽孝的时间越来越短了。

如果我们总是忙于事业，等到自己有钱后真正想要孝顺父母时，父母也许已经不在了。尽孝，儿女可以等，但父母却等不起。

小强能量站

在当今社会，有不少人为了财富而奔波，但是也有不少人正为未来得及尽孝而后悔不已。所以，在我们忙碌的时候、烦恼的时候，不如多回家看看，你的陪伴是对他们最大的尽孝。不要总是借口说“忙”，因为在这个世界上，没有比尽孝更重要的事了。

第四节　用包容滋养爱情

民间有句俗语：“天上下雨地下流，夫妻吵架不记仇。”这说明夫妻吵架是很正常的事情，正所谓“打是亲来骂是爱”嘛！

当然，这“打”和“亲”要掌握一定的火候。现实生活中，有很多夫妻因为三天一大吵、两天一小吵，最后不是吵到了法庭，就是吵到了民政局，以“你走你的阳关道，我过我的独木桥”收场。

可能身在其中的我们并不觉得夫妻之间吵吵嘴有多重要，或者它能对我们的婚姻生活增添多少色彩，总是羡慕那些看起来“相敬如宾”的夫妻，那是因为“只缘身在此山中”，你要是真的遇到一个不哼不哈的主儿，恐怕你就不会“站着说话不腰疼”了。

前不久，好友李菲告诉我她离婚了，我感到十分诧异，怎么可能呢？她老公高强是多么优秀的男人啊，怎么会说离就离了呢？其实，诧异的不只是我，很多认识李菲的人都觉得不可思议。

因为曾几何时，我们是那样羡慕、崇拜李菲，有些花痴甚至对李菲的老公高强“垂涎三尺”。高强是高干子弟，从小在父母的严格管教下成长，知书达理，长得高大帅气、文质彬彬，又在一家事业单位上班，工作清闲，收入有保证，家里住的是宽敞的三居室，车库里停放的是高档轿车。

无论是高强的长相，还是高强的条件，都可以成为女人的致命“杀手”。李菲认识高强时刚刚大学毕业，那时候我们好多同学可还都在温饱线上挣扎，工作还没着没落呢，人家李菲却在公婆的帮助下，进入了银行工作，真是让人嫉妒、羡慕，外加恨啊！

这才几年工夫，小两口会因为什么事情分道扬镳了呢？说起离婚的原因，李菲叹了口气，无奈地说：“跟高强生活在一起，活得太压抑、太憋屈。”

原来，李菲离婚只因她嫁给了一个“好好先生”，嫌高强没脾气，说两口子自从结婚到离婚，从来都没红过脸、吵过架。常听说夫妻吵架闹离婚的，这不吵不闹却把婚离了的，还真是少见。

李菲说，高强表面上看着长得高高大大，挺威风的，其实是甘蔗支危房——不顶用。高强的性格比较懦弱，在单位受了委屈，也不敢据理力争，总是一忍再忍。

在家里，李菲和他商量事情，他总是以一句“你决定吧”了事，有时李菲生气发脾气，对着高强大吼，高强要么低着头不说话，要么躲出去。用李菲的话说，他们两个结婚四五年，从来都没“马勺碰锅沿”过，她说她好羡慕那些吵架吵得痛快淋漓的夫妻。

李菲的离婚事件对我震撼不小，以前我一直觉得好男人就应该脾气好，不能动不动就发火，要懂得包容女人。现在看来，什么事情都有两面性，这夫妻不吵架也是很严重的问题，弄不好也会走上离婚的道路。

现实生活中，也有的夫妻开始的时候吵得天翻地覆，吵着吵着，两人吵累了，就不再吵了，就变得沉默了。虽然生活在同一个屋檐下，两人却形同陌路，各干各的，互不打扰，这架是不吵了，不过，估计离离婚也不远了。

也有的夫妻，三天一大吵，两天一小吵，一吵起来大有上房揭瓦的架势，可是，用不了多大工夫，两人又如胶似漆，好得跟一个人似的了。

通过一对比，我们可以得出这样的结论：不吵不闹不成夫妻，偶尔小吵才是爱。所以，要想爱情长久，偶尔吵吵架，给爱情添点作料，麻辣一点，对增进夫妻感情也是大有裨益的。

不过，这夫妻生气、吵架可不能动真格的，也不能总让吵架来调剂生活，偶尔为之，小吵一番，就够了。还有，别太较真，谁对谁错不重要，夫妻吵架大都没有结果，就当是一笔糊涂账，不一定要明明白白，关键是要懂得一些吵架的艺术，夫妻之间的感情才会越吵越深厚，越吵越恩爱，越吵越甜蜜。

要维系夫妻之间的感情，最重要的还是在吵完之后包容对方，两人才能和好如初。如果一味地吵架，恐怕最后只能各走各的“独木桥”了。可见，用包容滋养爱情是多么的重要。

总之，两口子吵架是夫妻生活的必需品，不仅要吵，而且要吵出水平，前段时间，网上流传一份80后《吵架公约》，深受大家的好评，我也十分推崇这种吵架方式，有必要摘录下来，和大家分享、共勉。

（1）吵架不当着父母、亲戚、邻居的面吵，在公共场所给对方面子。

(2) 不管谁对谁错，只要一吵架，男方必须先轻声轻气哄女方五次，女方才能冷静下来，否则一旦造成严重后果，全部由男方负责。但如果男方已经哄了女方五次之后，女方还无理取闹的话，男方有权保持沉默直到女方不再发脾气为止。

(3) 在家里吵架不准一走了之，实在要走，不得走出小区，不许不带手机和关机。

(4) 有错一方要主动道歉，无错一方在有错方道歉并补偿后要尽快原谅对方。

(5) 要出气不准砸东西，只能吃东西，实在手痒只能砸枕头。

(6) 吵架尽量不隔夜，女方睡觉时男方必须主动抱女方，就算女方生气百般推让，男方也不能就此放弃，一定要哄到女方做上美梦。

(7) 每周都要给对方按摩一次，因为大家经常吵架都很辛苦，男方手艺不好的话可以跟盲人师傅学，严禁和发廊女学！

(8) 吵架时男方不准挂电话，如果挂了要马上打回去，并表示歉意，吵架时女方如果挂了电话，男方必须在1分钟内打给女方，屡挂屡打，但是女方也要给男方面子，每次挂电话次数不多于5次。

还有一点，也是最重要的一点：公约所有条款可由女方无理由、无时间限制地更改，男方有权利提出异议，但是异议是否被采纳最终解释权归女方。

小强能量站

夫妻相处就“不要想着征服对方”，永远提醒自己不要对爱人说伤

感情的话，不做破坏氛围和心情的事情。

包容是两性关系中最深层次的爱，男人有脾气正常，但是男人的脾气可以对天发、对地发，却不可以对老婆发。智慧的女人说：“老公的缺点像天上星星那么多，优点像太阳一样少，但太阳一出来，星星就消失了。”

第五节 赠人玫瑰，手有余香

“赠人玫瑰，手有余香”是英国的一句谚语，意思是一件很平凡微小的事情，哪怕如同赠人一支玫瑰般微不足道，但它带来的温馨都会在赠花人和受花人的心底慢慢升腾、弥漫、覆盖。

在生活中，我们都应这样，要学会分享。分享给了别人，自己也会有快乐。只懂得收获的快乐，并不是真正的快乐。生活中也不乏这样的事情，方便了别人的同时也会给自己带来方便，成就别人的同时提升了自己。

有一个盲人住在一栋楼里。每天晚上他都会到楼下花园去散步。奇怪的是，不论是上楼还是下楼，他虽然只能顺着墙摸索，却一定要按亮楼道里的灯。

一天，一个邻居忍不住，好奇地问道：“你的眼睛看不见，为何还要开灯呢？”盲人回答道：“开灯能给别人上下楼带来方便，也会给我带来方便。”邻居疑惑地问道：“开灯能给你带来什么方便呢？”盲人答道：“开灯后，上下楼的人都会看得清楚些，就不会把我撞倒了，这不就给我方便了吗？”邻居这才恍然大悟。

人是群体性动物，生活在社会群体之中。不管你的个性多么古怪，只要你选择在办公室上班，在一群人中间工作，就免不了与人打交道，你的思想、性情、志趣等也不可避免会与其他人共同分享。因此，你需要学会与人分享的技巧。请记住，与人分享是快乐的，也是排除寂寞的良药。

两个钓鱼高手一起到鱼池垂钓。这两人各凭本事，一展身手，隔不了多久的工夫，皆大有收获。

忽然间，鱼池附近来了十多名游客。看到这两位高手轻轻松松就把鱼钓上来，不免感到几分羡慕，于是都去附近买了一些钓竿来试试自己的运气如何。

没想到，这些不擅此道的游客，怎么钓也是毫无成果。

话说那两位钓鱼高手，他们的个性差异很大。其中一人孤僻而不爱搭理别人，单享独钓之乐；而另一位高手，却是个热心、豪放、爱交朋友的人。

爱交朋友的这位高手，看到游客钓不到鱼，就说："这样吧！我来教你们钓鱼，如果你们学会了我传授的诀窍，而钓到一大堆鱼时，每十尾就分给我一尾，不满十尾就不必给我。"双方一拍即合，游客欣然表示同意。

教完这一群人，他又到另一群人中，同样也传授钓鱼术，依然要求每钓十尾回馈给他一尾。一天下来，这位热心助人的钓鱼高手，把所有时间都用于指导垂钓者，最后获得的竟是满满一大箩鱼，还认识了一大群新朋友，同时，人们左一声"老师"、右一声"老师"地叫着他，让他感觉到备受尊崇。

同来的另一位钓鱼高手，却没享受到这种服务人们的乐趣。当大家围绕着其同伴学钓鱼时，那人更显得孤单落寞。闷钓一整天，检视竹篓里的鱼，收获也远没有同伴的多。

范仲淹曾说过："独乐乐不如众乐乐。"我们要学会将生活中的快乐和大家一起分享，无论是亲人还是陌生的朋友，都与他们一起分享，那样你的快乐会加倍，你的收获也会加倍。

假如你有6个苹果，你留下1个，把另外5个给别人吃。当你给别人吃的时候，你并不知道别人能还给你什么，但是你一定要给。因为别人吃了你的那个苹果以后，当他有了橘子，一定会给你一个，因为他记得你曾经给过他一个苹果。

最后，你得到的水果总量可能不会增加，还是6个水果，但是你的生命的丰富性会成倍的增加。你看到了6种不同颜色的水果，吃到了6种不同的味道，更重要的是你从中交到了朋友，得到了快乐。这种交换关系一旦确立，你在这个世界上就会不断得到别人的帮助，那才是你最大的财富。

有一个中年人在一个风雪交加的夜里赶路，路上他的马车陷到了雪地里。正在他一筹莫展的时候，来了一个年轻人，年轻人把中年人和他的马车救出了雪地。中年人满怀感激，对年轻人说："谢谢你救了我，我应该如何报答你？"年轻人说："你不用报答我，只是我有一个小小的请求——当你帮助别人的时候，你同样告诉他无须报答，同样请求他在帮助别人之后，告诉另一个获得帮助的人：'你不用报答我，只是我有一个小小的请求……'"

有一天发洪水，年轻人被困在屋顶上多时，就在他快失去生存的信心的时候，有一个人救了他，他充满感激地对救他的人说："谢谢你救了我，我一定要报答你！"救他的人说："你不用报答我，只是我有一个小小的请求——当你帮助别人的时候，你同样告诉他无须报答，同样请求他在帮助别人之后，告诉另一个获得帮助的人：‘你不用报答我，只是我有一个小小的请求……’”

这条爱心项链一直在我们的生活中延续，它将绕地球重复旋转……

赠人玫瑰，手留余香；爱出者爱返，福来者福往。

小强能量站

有一句话说得好——“赠人玫瑰，手留余香”。这句话的意思是：你若赠送人家一束玫瑰，手里也会留有残余的香味。寓意是想告诉人们，如果帮助他人、助人为乐，那么助人为乐的那个人也会快乐。

第六节　让孩子沐浴爱的雨露

孩子是祖国的花朵，是父母的希望，是祖国的未来。每个家长都无比喜爱自己的孩子，然而并不是每个家长都懂得如何爱自己的孩子，甚至有些家长因为无知而伤害了孩子。

让我们来看看《中国式离婚》中的一幕：

妈妈挥舞着刀，爸爸疯了一样去夺刀——儿子当当光着脚丫站在门口，惊恐无助地看着这一切。两个大人谁也没有注意到他的存在。当当看了一会儿，扭头向厨房跑去。

刀在两个人手里僵持着，突然听到当当一声尖叫：“妈妈！”

两人几乎同时回头，只见当当那双恐惧的眼睛直盯着他们，手里拿

着水果刀在自己的小手背上划着，一刀，又一刀，那只小手皮开肉绽，鲜血直流……

当当只是个6岁的孩子，面对家庭里的硝烟，6岁的他只有用这种方式进行抗争！他要用自己的生命之血换取家庭的和谐与宁静！

再看一位母亲，因为被前夫抛弃，把“怨气”迁怒到儿子身上。认为儿子身上遗传着前夫的“阴险基因”。因此对孩子拳打脚踢，皮带抽、牙齿咬、烟头烫，警察开门时，孩子拼命朝外跑——8岁的孩子被车撞出好远，当场身亡！

无数的家庭悲剧让我震惊！又让我心痛！那是孩子的家吗？那是冰窖啊！冰窖里的孩子哪里有温暖呢？怎么会不出问题呢？我们经营不好自己的婚姻，让家庭天翻地覆、硝烟弥漫！我们遭罪，孩子也跟着遭罪啊！让父母学会相爱太重要了！让天下的父母学会相爱，为孩子健康幸福地成长营造一个和谐的空间！

孩子的身影每天在家里穿梭，孩子没有了温馨和谐的家，这意味着孩子的心灵没有了归宿！经营好自己的婚姻和家庭，让孩子沐浴在爱的雨露中成长。

许多父母都说自己很爱孩子，可是为什么孩子感受不到父母的爱，甚至产生叛逆、反抗父母的情况？很重要的是，我们表达爱的方式有问题，羞于表达自己的爱。

西方国家的父母经常把爱挂在嘴旁，并且要大声说出来，让孩子知道。这样不仅能让孩子感受到父母的爱，也能让他们在心理上更有安全感。

然而，我们许多中国家长没有意识到这一点，有些人即使明白，也不好意思把“我爱你”之类的话挂在嘴边，甚至以调侃、“吓唬”孩子为乐。

孩子需要关爱和鼓励，不仅是物质上的，更需要父母言语上的关爱，甚至是赤裸裸的爱。这种爱比生活上的关心与照顾，更直接、更有用。

有一个女孩父母离异后，父亲重新成了家，父亲对她一直都很严厉。有一天女孩自杀了，庆幸的是女孩被救下来了。父亲非常着急，找到心理专家咨询。心理专家说："如果你想让孩子活下去，就对她表达你对她的爱……"这位爸爸觉得非常的为难，心想：这么多年都是板着脸要求女儿的，我对她的爱是隐藏在心里的，今天要表达对她的爱，这怎么表达啊？但女儿都已经走到生命的边缘了，也顾不上什么了。于是他来到女孩的病房，打开电脑说："宝贝，到爸爸这里来，陪爸爸一起看电视剧。"女孩愣住了，这是在喊我吗？女孩环顾四周，这房间里也没有其他人呀，她怯生生地走到爸爸身边，爸爸伸手温柔地把她搂到怀里，让她坐在爸爸的腿上看电视剧。女孩的泪水哗啦啦地往下流……后来她说："我这是第一次深刻地体会到爸爸的爱！"

如果你爱孩子，从今天开始，不妨直接对他说："我爱你，宝贝！"如果你爱孩子，每天出门前，都不要忘记对他说："我爱你，宝贝！"爱是最美好的东西，不要不好意思。当孩子处于爱的环境下，他就会耳濡目染，同样表达出对父母的爱。

当然，在我们学会向孩子表达爱的同时，也不可忽视孩子对长辈的爱。因为成长的环境关系，不仅我们大人不习惯直白跟孩子表达爱，孩子同样也很少向父母说出爱来。

因此，家长应该教孩子一些表达爱的方法。可以教孩子在爸爸、妈妈下班回到家时，要主动向父母问好，请爸爸妈妈坐下来休息会儿；当爸爸妈妈在休息的时候千万不要吵闹；有了好吃的要先想着让家里的长辈尝一尝；有老人身体不舒服时，要主动上前问候；等等。这些都是孩子表达自己感情的好方法，家长应该在孩子刚开始学走路说话时就教孩子这些基本的表达方法。

父母需要孩子的爱，就让孩子勇敢地表达出来吧。教孩子把“爱”说出来，一靠父母的指教，二靠家长监督孩子反复实践练习。因此，家长要为孩子提供更多的练习机会。

比如，妈妈蹲着洗衣服时，爸爸可以提醒孩子搬小凳子给妈妈送过去，妈妈可能不需要，但她心里也会甜滋滋的；邻居家的奶奶腿脚不好，家长可以让孩子帮助其买菜；等等。

孩子做了这些事情后，自然会受到大人的不断夸奖，从而孩子就会有愉快的心情。经过不断地练习实践，孩子就会逐渐形成尊重长辈、孝敬老人的态度，并且也学会了表达对长辈的爱意的方法。

在孩子成长的旅程中，要耐心陪伴、指导和鼓励。以下这些话要经常对孩子说：

1. 不管发生什么事情，我都和你在一起，我永远爱你！(安全感)

2. 你是独一无二的，我欣赏你，我相信你可以开创美好的未来！(价值感)

3. 我相信你能处理好自己的事情，当你需要我时，我会与你一起面对，我的爱一直都在你身边。(自信与支持)

4. 我会与你分享我的人生经历，让你对人生多些了解，支持你对人生做出正确的选择。(分享与尊重)

5. 人生中会发生很多的事情，每一件事情都会有助于我们的成长。(积极的人生态度)

小强能量站

有爱就要表达出来，特别是对孩子，它不仅能让孩子感受到父母的爱，也能让他们心理上更有安全感。

留给孩子财富，不如教会孩子积极的人生态度，让孩子沐浴着爱，让孩子有能力面对跌宕起伏的人生，让孩子有信心、有能力去开创比我们更美好的未来。

第七节　人生的幸福在于付出

一个女孩走过一片草地，看见一只蝴蝶被荆棘弄伤，她小心翼翼地为它拔掉刺，让它飞向大自然。

后来这只蝴蝶为了报恩化作一位仙女，向小女孩说："因为你很善良，请你许个愿，我将让它实现。"小女孩想了想说："我希望快乐。"于是仙女弯下腰在她耳边悄悄细语一番，然后消失无踪。

小女孩果真很快乐地度过了一生，她年老时，邻人求她："请告诉我们，仙女到底说了什么？"她只笑着说："仙女告诉我，我周围的每个人都需要我的关怀。"

现实生活中，我们经常认为：给予别人关爱就要失去自己原有的东西，就如同帮助别人提东西时，就要失去自己的体力，从而感到劳累一样。

但是当我们有能力并愿意给予别人关爱的时候，我们就会明白，原

来这一点点疲劳，根本算不了什么，主动给予别人关爱时的快乐和满足感要远远超过所受的累。

主动给人以爱，仅仅是内心的那份快乐和满足感，就远远超过了任何的回报。试想一下，有什么回报比我们内心的快乐更丰厚、更诱人？

没有。没有什么比内心的快乐更重要。看看那些身缠万贯的富豪们，他们比我们更快乐吗？不见得。

据2009年的中国经营报报道，浙江的一些企业家们，个个都是身家万贯，可他们的精神却无处寄托，以至于不得不靠赌博来获得一时的快乐。最终，他们很多人因赌博而倾家荡产，连一时的快乐都没有了。而反观国外的一些企业家，像比尔·盖茨、迈克尔·戴尔等，他们在功成名就、事业有成之后，无不把精力投放到慈善事业上来，为什么？

因为他们明白主动给人以爱，也是在给自己塑造一种心灵的满足。人世间的一切功名利禄他们都已经拥有，他们唯一无法拥有的，就是内心的自我圆满祥和，所以他们更乐于搞慈善事业而非浪费金钱。

1993年，刘永好就联合国内9位民营企业家联名发出倡议，动员民营企业家们到中国西部贫困地区投资办厂，培训人才，参与社会扶贫。这项倡议及其行动被称为“光彩事业”。刘永好作为倡议者之一，在中国西部和中部的贫困地区投资近2亿元，兴建14家“光彩事业”扶贫工厂，为这些地区经济的发展和人民生活的改善做出了贡献。刘永好因此荣获全国“光彩事业”金质奖章并被推选为全国“光彩事业”促进会副会长。2000年他还代表中国民营企业界出席在日内瓦召开的联合国特别会议，向世界同行介绍中国的“光彩事业”。

2008年3月，新希望集团又启动了“奥运有我　希望随行”的大型公益活动，“希望特使”乔伟将骑摩托车从新津出发，到8月8日北京奥运会开幕之前，行遍全国30多个省市区，所到的300个地区的学校都会得到捐赠的体育器材用品，用于支持当地体育基础设施建设。

同时，刘永好花费巨资投入的“新希望新农村扶助基金”正式启动，该基金除用于社会公益事业外，主要将帮助农民发展规模化养殖以及建立农村金融担保体系。

在经济高速发展、社会文明日益进步的今天，公益事业绝非脸面装饰和形象工程，更是社会责任和奉献，像天上的星星照亮我们的行程和心灵，也会幻化成力量。在这方面，刘永好是超脱的，也有着与众不同的大智慧，把企业的公益活动做成了行业的驱动力，并整合各方资源，做成了社会性工程，产生了国际性影响，还借助国际基金做中国公益事业。这才是大公益，是公益事业的最高境界。刘永好是不遗余力的践行者、奉献者和呐喊者，也是最大的受益者。

世界上最快乐的事情不是获得，而是给予。获得在很多时候其实是一种压力，我们获得的越多，我们身上的压力就会越多。比如企业家，他们看似得到了很多，其实他们在得到物质财富的同时，身上的压力也在增加：破产的忧虑、企业的社会责任感、公司的发展前途等，每一个都是压力，每个压力都是只能面对无法逃避的。

给予则不同，给予的时候，我们不会产生任何压力，而只会产生一种由衷的幸福感。看看国外的企业家在获得巨大财富之后纷纷痴迷于慈善事业，我们就会明白，给予，实在是比获得更能让人感到幸福的一件事情。

重要的是，当我们学会给予的时候，同时也会得到别人的爱戴与反馈。要深刻认识到的是，无论我们给予别人什么，都比不上给别人以爱。爱是天底下最伟大的力量，它可以让你的职场竞争对手变成你的朋

友，让你和生活中的敌人握手和好，让你获得下属的爱戴，上司的欣赏。

小强能量站

要想主动给人以爱，我们首先就要对生活充满感激，对生命充满尊重，对所有的人充满感恩之心。唯有如此，我们才能够友好地对待他人，并在别人困难的时候伸出援助之手。

第六章 乐观地拥抱生活

第一节　希望永远都在前方

每个人的一生都不是一帆风顺的，“天有不测风云，人有旦夕祸福。”有时生活中的挫折、工作上的不如意会让一个人烦恼不堪，尤其是当这个人很少经历失败时，一个小小的挫折也会让他情绪低落，顿生忧虑烦恼，宛如乌云笼罩住他的心，而他却无力拨开乌云见阳光。

邝昕，在别人眼中，英俊潇洒、举止风度翩翩、说话风趣幽默的他，生活一定丰富多彩。而谁又能想到，他心里想的最多的两个字却是“郁闷”，只有他一个人的时候，沮丧、忧郁、痛苦深深地包围着他。

大学时期的邝昕是从鲜花和掌声中走过来的。他学习成绩好，工作能力强，老师、同学都喜欢他。而且远在千里之外的家乡，还有他深爱着的、同样优秀的女友。在毕业时，各方面条件都很优秀的他，毫不费力地在省城找到了一份人人羡慕的工作——在一家最大的外资企业做市场分析。

邝昕刚走上工作岗位就崭露头角，把工作中的每件事都做得漂漂亮亮、无懈可击。他也为回到分离四年之久的女友身边而倍感幸福。然而，他殷切期盼来的却是：女友要求与他分手，而且她并没有给他一个分手的理由。这严重地伤害了他的自尊心，他想本着“凡事不服输”的态度将女友挽回，然而一次次努力，一次次失败，女友只是一味地躲避他。

从未有过的挫败感让他一蹶不振。他一下子掉入了生活的低谷中，他变得沉默、懒散，精神的恍惚与注意力的分散也使他在工作中出现了几次失误。

邝昕因为失恋而产生极大的痛苦，从而使他的生活方向突然发生改变，事先没有一丝的预兆，这使他措手不及，于是他在失望的黑暗中迷失了方向，他内心中只剩下了伤痛与烦闷。

每个心智健全的人都会有烦恼，而且是各式各样意想不到的烦恼。除了由恋爱、婚姻和家庭方面所引起的烦恼外，在人生漫长的旅途中，还会遇到工作、学习和生活各个领域的形形色色的烦恼。

人生就是一串由无数的小烦恼和小挫折串成的念珠，豁达的人在数念珠时总是带着笑容。面对不如意的时候，拿一杯葡萄酒对着太阳看看，前途总是玫瑰色的，没有比这更可爱的了。生命太短了，不要因为小事而烦恼，希望永远都在前方。

红塔集团原董事长褚时健，曾经是中国有名的“中国烟草大王”。一手将红塔集团建成大型企业，但是企业家激励机制与监督体制的不健全葬送了他的政治和职业生命。1995 年 2 月，一封匿名检举信指控玉溪卷烟厂厂长褚时健贪污受贿。1997 年，褚时健带着把破落的地方小厂打造成创造利税近千亿元的亚洲第一烟草企业的荣耀，和被判无期徒刑的身份，黯然离开执掌18年的红塔集团。

1999年1月9日，褚时健被处无期徒刑、剥夺政治权利终身。

他的女儿在狱中自杀身亡，而他又身陷囹圄，这对于一个七十多岁的老人来说，不可谓不是他这一生中摔得最痛、跌得最惨的一跤。许多人既为他惋惜，也认为他这辈子完了。但出人意料的是，这位老人并没有垮掉，他先是获得减刑，改为有期徒刑17年，在监狱里待一年，劳改两年后，2002年他因为严重的糖尿病获批保外就医，回到家中居住养病，并且活动限制在老家一带。按照设想，他在老家能颐养天年，这就是他最好的结局了。

然而他并没有选择这样走下去，而是承包了2000亩的荒山，开种果园。这时，他已经有75岁了，他身体不好，所要承包的荒山又刚经历过泥石流的洗礼，一片狼藉，当地的村民都说那是个“鸟不拉屎”的地方。诸多困难并没有阻住他的“疯狂”行为，他带着妻子进驻荒山，脱下西装，穿上农民劳作时的衣服，昔日的企业家完完全全成为一个地道的农民。他用努力和汗水把荒山变成了绿油油的果园，奇怪的是，在昆明，街上的橙子10元钱4公斤，而他种的冰糖脐橙1公斤8元钱你都买不到，而且产品一出来就发往深圳、北京、上海等城市，在云南根本见不到踪影。

他的果园效益好得惊人。爱好爬山的王石来到了云南，特意抽时间专程去看望他，他没有看到一个曾经叱咤风云的企业家，而是看到了一个面色黝黑但健康开朗的农民。

如果一个人时刻有所期冀、有所希望、有所追求的话，那就会在大脑皮层上不断地产生一个个兴奋中心，使他处于精神振奋的状态，没有多余的心思去烦恼、去郁闷。

一些缺少目标的人容易产生烦恼，而一些人在自找烦恼。人们总是因为今天的不完整而为明天忧虑，寻找不必要的烦恼。其实，不管今天发生任何不如意的事情，只要活着就有新的希望，只要你用积极的心理去开创未来，希望永远在前方。

希腊寓言故事潘多拉魔盒中讲述：在潘多拉打开魔盒以前，人类没有任何灾祸，生活宁静。就在潘多拉打开魔盒时，祸害、灾难和瘟疫从里面跳出来，从那时起，灾祸们日日夜夜、处处为害人类，使人类受苦。

慌乱中，潘多拉及时地关上，结果里面只留下了希望。因此，即使人类不断地受苦、被生活折磨，但是心中总是留有可贵的希望，才能自我激励，去面对种种挑战，去增长人类的智慧。因此，在死亡以前，希望永远存在，人生也绝对充满了美好的希望。

过度的忧愁和烦闷会摧残意志不坚强者的志向，削弱他们还没有完全成熟的自信心，可以使一些有才华的人沦为失败者。因此，可以说忧虑的心理是一种极为有害的心理腐蚀剂。我们应该怎样消除忧郁情绪、解除烦闷心理呢？

心理学上有一条最基本的定理：无论一个人多聪明都不可能在同一时间想一件以上的事情，所谓“一心不可二用”。人只能轮流地想一些事，而不能同时想两件事。人的情感也是这样，我们不可能既快乐，同时又忧虑。

在同一时间里，一种感觉会把另一种感觉赶走，这个看似简单的发现，使得很多心理治疗专家创造出无数奇迹。工作会让你忙起来——这是精神上最好的寄托。制定新的目标，开始去付出努力，希望就与你同在，你就没有时间去为已经发生的事情烦恼了。用积极的心理去面对生活，希望永远都在前方。

小强能量站

人生不是一帆风顺的，也不是没有出路的。心若在，梦就在，用热爱生活的心，追求美好的未来，希望永远在前方。无须感叹命运多舛，无论多少次跌倒，都拍拍身上的灰尘，潇洒地站起来；无论受到多少委屈，都抹干眼泪，面向阳光；不管遇到多少次风浪，都永远拥有一颗充满希望的心！每时每刻都让自己投入开创未来的怀抱里。

第二节　能屈能伸才是能力

手把青秧插野田，
低头便见水中天。
六根清净方为道，
退步原来是向前。

这是南北朝僧人契此大师（人称“布袋和尚”）写的一首禅诗。众所周知，插田是退着插的，退步就是前进。为人，有时就像这插田，虽然是在退，但在退中前进了，退一步海阔天空！

大丈夫能屈能伸，才是能力。大将军韩信默默忍受胯下之辱。

古代有个叫韩信的大将军，所向披靡，战无不胜。然而年少时，其家道贫寒，一度饿得晕倒河边，幸好被一位正在洗衣的老婆婆发现，老婆婆将自己的食物分给他吃，才使他免于饿死。村里有钱人家的孩子欺负他，他便当众钻了人家的裤裆……

孟子说过：“天将降大任于斯人也，必先苦其心志，劳其筋骨，饿其体肤，行拂乱其所为，所以动心忍性，增益其所不能。”忍得屈辱，才能成就大事。

一个在逆境或者困境中乐观、积极向上的人，是一个自信的人，也是一个真正有能力的人。相反，有些人在顺境中能够坦然自若，一旦遭遇逆境，常常只会抱怨，然后就是一蹶不振。这样的人是很难获得成功的。

很多时候，由于他们太固执，认为我堂堂一个七尺男儿，怎么能在困难和挫折面前弯下我尊贵的腰呢？在困境面前不低头没错。不过，如果不论什么事情你总是固执己见，那么再容易解决的问题，对你来说，都会比登天还难。结果是你的腰保住了你的尊严，你的头却被撞得鲜血直流。只有能屈能伸的人才称得上是大丈夫。

定居美国洛杉矶之前，钱永波是中国内地某市分管招商工作的副市长。在工作了几十年之后，终于有一天，他害怕再这样在机关待下去，可能自己的很多梦想都没法实现，他希望早点尝试新生活。因此，他趁着年龄还不算太大，辞职来到了美国，准备开辟一片属于自己的新天地。

来到美国之后，由于他英文不好，一直都没有找到合适的工作。他没有气馁，而是疯狂地学习英文。在学习英文期间，他仍然尝试着找工作，这份工作不一定能赚多少钱，但要对他的英文水平有提高作用。不久，他被一家韩国人开的公司聘用了，但工资很低，一天只有20美元，而且工作也很辛苦，是为公司打扫卫生。

他的朋友都劝他另找工作，但钱永波不为所动，接受了这份工作。

其实钱永波来这里，是有自己的想法的。虽然工作很辛苦，每天还要走10千米左右的路程，但他对自己的朋友说，人家雇主不但没找咱要学费，每天还给20美元的生活费，去哪里找这样的好事？

就这样，他在那家公司工作了两个月，当他摸清了想知道的情况，学到了他想学的东西的时候，他离开了那里，并立即找到了一份满意的工作，开始为开拓自己的事业而积极乐观地努力着。

中国有句古语："好汉不提当年勇。"一个总留恋当年"勇"的人，自然称不上"好汉"，也不会有更大的作为。可以想象，一个总是留恋曾经的辉煌的人，在面对困难的时候只会越来越悲观，越来越怨天尤人。本来心情就低落，一味地抱怨，无疑是雪上加霜。有些人可能曾经飞黄腾达，也许他们很富有，也许他们心气很高，总之，他们对于那些看似卑微的事情，总是怀着偏见，认为做这些事会被别人看不起。钱永波，一个曾经飞黄腾达很多年的人，在来到美国之后，因为他坦然，也因为他能屈能伸，生活虽然也有过不如意的时候，但他最终实现了自己的目标。

人每走一步，应该想清楚自己的目标是什么。如果目标实现了，那就值得高兴。遗憾的是，很多人不清楚自己的目标，所以面对困境或者挫折的时候，不是调整心态解决问题，而是不停地抱怨。

小强能量站

当我们面对逆境时，如果我们能做到能屈能伸，就能顺利地通过困境之门，原本如同大山一般的困难也会变得一马平川。所以要想让你的人生道路顺畅通达，要证明你是一块赤金，那么你就要能屈能伸，坦然接受现实，而不是悲观地抱怨，抱怨只会让你的内心更痛苦，生活更糟糕。

第三节　用乐观心态对待一切

有这样一个例子。

一位叫罗丝的女士，有一个幸福的家庭，丈夫疼爱她，女儿喜爱她，她总是觉得自己是世界上最幸福的人。可是，有一天不幸发生了。

那天她回到家里，小女儿听到她的开门声和脚步声，急忙从二楼的房间飞奔而出迎接她，像一只快乐的小鸟。她的女儿光顾着高兴，没注意脚下的楼梯，一不小心在楼梯上摔了个跟头，从楼上滚了下来，当时就死了。

罗丝悲恸欲绝。整天沉浸在失去女儿的痛苦之中，看到与女儿有关的每一件东西，她都会垂泪，整个工作和生活都乱糟糟的。

有位教会的老太太听说她的情况后前来安慰她，对她说："我自己没有亲生的儿女，但我照顾了很多流落街头的女孩子，她们的健康状况是我最牵挂的，每当她们生病无法医治时，我的难受不亚于你，所以我能理解你的心情。现在我年事已高，照料这些孩子已经很吃力了，我恳求你来接手我的工作，将您对女儿的爱转给她们，或许这样能让你忘却自己的忧伤。"

罗丝女士考虑再三后接受了这份工作。忙碌的工作虽然不能使她完全忘记自己的痛楚，但每当看到女童们在她的照顾关爱下健康活泼的样子，她的伤痛就会大大减轻。

当一个人处于一种难以解脱的精神困惑时，从原有的生活环境跳出来，让自己因关注其他的事情而减轻以往不悦的精神，无疑是一个改变心态的良方。只有“心”变了，属于你的世界才可能有阳光照耀，只有爱博大了，你的生命才更有意义。

乐观的心态即保持一颗平常心看待问题，也就是笑对人生。可是在日常生活中总是有很多事情让我们忧郁，甚至有挫折感。要保持乐观心态就要做到以下几点。

第一，转移情绪。人生的道路崎岖不平，坎坎坷坷，难免有挫折和失误，也少不了烦恼和苦闷。此时此刻，应迅速把注意力转移到别的方面去。比如有时碰到不顺心的事情或在家中与亲属发生争吵，不妨暂时离开一下现场，换个环境，或者同别人去侃大山，或者参加一些文体活动，娱乐身心。这样很快就会把原来的不良情绪冲淡甚至赶走，而重新恢复心情的平静和稳定。

第二，憧憬未来。追求美好的未来是人的天性，也是人类生存和社会进步的动力。只有经常憧憬美好的未来，才能始终保持奋发进取的精神状态。不管命运把自己抛向何方，都应该泰然处之。不管现实如何残酷，都应该始终相信困难即将克服，曙光就在前头，相信未来会更加美好。

第三，向人倾诉。心情不快却闷着不说，会闷出病来，有了苦闷应学会向人倾诉的方法。首先可以向朋友倾诉，这就需要先学会广交朋友。如果经常防范着别人的“侵害”而不交朋友，也就无愉快可谈。没有朋友的话，不仅遇到难事无人相助，也无法找到可一吐为快的对象。能把心中的苦处和盘倒给知心人并能得到安慰甚至计谋的人，心胸自然会像打开了一扇门一样明朗。除此之外，我们可以向亲人倾诉，学会把心中的委屈和不快倾诉给他们，也常会使心境立即由阴转晴。

第四，拓宽兴趣。兴趣是保持良好的心理状态的重要条件。人的兴趣越广泛，适应能力就会越强，心理压力就会越小。比如，同样是从领导岗位上退下来，有的人觉得无所事事，很容易产生无用、被遗弃等失落感；而有的人则觉得退下来后无官一身轻，可以充分利用这些时间看书、写字、创作、绘画、弹琴、舞剑、养鸟、钓鱼、种花等。总之，兴趣越广泛，生活越丰富、越充实、越有活力，你会觉得生活中处处充满阳光。

第五，宽以待人。人与人之间总免不了有这样那样的矛盾，朋友之间也难免有争吵、有纠葛。只要不是大的原则问题，应该与人为善，宽大为怀。绝不能有理不让人，无理争三分，更不要为一些鸡毛蒜皮的小事争得脸红脖子粗，甚至拳脚相加，伤了和气。应该有那种“何事纷争一角墙，让他几尺也无妨，长城万里今犹在，不见当年秦始皇”的博大胸怀和高风亮节。

第六，忆乐忘忧。在人生的旅途中，有时荆棘丛生，有时铺满鲜花，有时忧心如焚，有时其乐融融。对此应进行精心的筛选，不能让那些悲哀、凄凉、恐惧、忧虑、彷徨的心境困扰着我们。对那些幸福、美好、快乐的往事要常常回忆，以便在心中泛起层层涟漪，激发人们去开拓未来，而对那些不愉快的事情，诸多的烦恼则尽量要从头脑中抹掉，切不可让阴影笼罩心头，而失去前进的动力。

第七，淡泊名利。现实生活中有的人把名利看得很重，得陇望蜀，欲壑难填，财迷心窍，官瘾十足。有的为了名利，不择手段，一旦个人目的没达到，或耿耿于怀，疑窦丛生；或心事重重，一蹶不振。不要那么斤斤计较，不要把名利看得那么重，否则，容易导致心理失衡。

小强能量站

烦恼都是因为计较得多，快乐都是因为索取得少。当你用一个乐观的心态去发现生活中的美的时候，你就会看到新生的枝叶焕发着生机，盛开的花朵散发着清香，蓝天上的云朵也是变换的图画，清风下的小草似乎也会舞蹈……你还会有烦恼吗？没有抱怨、没有怨恨、没有烦恼，用乐观的心态看待一切，一切都顺其自然，你就是一个脱离了低级趣味的人，一个脱俗的人。

第四节　洒脱面对一切逆境

人生若是经久的旅途，逆境就是那段曲曲折折的泥泞；人生若是缤纷的四季，逆境就是那段阴雨绵绵的雨季；人生若是奔腾的江河，逆境就是江心粼粼洵洵的石头。

既然逆境不能拒绝，那就请你洒脱面对吧！洒脱面对逆境，我们需要平静的心态以及那“也无风雨也无晴”般的旷达与豁然。

苏轼一生可谓命运不济，“乌台诗案”夹裹着人生的风风雨雨向他袭来，一生漂泊：黄州、惠州、儋州，成了他一生的注脚。一杆竹竿，一席蓑衣，他在风雨中徐徐前行，是“一蓑烟雨任平生”的旷达胸襟使他看淡了这一切的纷纷扰扰，亦是这样超然的情怀让他没有被逆境打倒，而懂得了“为官一方，造福一方”，这便有了闻名天下的苏堤。面对逆境，请先品上这样一杯盛满豁然与洒脱的清茶吧！

洒脱面对逆境，我们需要“天生我材必有用，千金散尽还复来”的狂放不羁的情怀与自信。

面对权贵的打击与排挤，李白毫不在意，他呼出“仰天大笑出门去，我辈岂是蓬蒿人”；面对挫折，他自信而坦然，“安能摧眉折腰势权贵，使我不得开心颜！”他游乐四方，寄情山水，一樽清酒，一柄短剑，一袭布衣，便是他的姿态，自信而超然的姿态：“酒入愁肠，有三分酿成了月光，七分啸成了剑气，绣口一吐，就是半个盛唐。”自信奔放的他，也便衬得上这样的评价。面对逆境，请扬起自信之帆，让它划破坚冰，乘风破浪！

洒脱面对逆境，我们需要在逆境中不墨守成规，而要学会变通。正因为变通才创造了一个又一个的奇迹：芭蕾不精的皮尔丹走上裁衣之路，终成为世界时尚领域不朽的大师；医疗不济的鲁迅执笔开始文学之途，铸就中华民族最坚忍的奋斗精神；体操不行的基辛·巴耶娃迈上跳高之程，终跃出世界瞩目的光辉……面对逆境，请把握变通这把开启前方大门的金钥匙。

洒脱面对逆境，需要我们有承担的勇气和一颗包容一切苦难的心，诗人付大琳在《柠檬叶子》中这样描述到：

哦！柠檬，
这无疑是果林中最具韧性的树种，
从未折断过，从未挺拔过。
当天空聚集暴怒的钢铁云团，
他的反击绝不是掷还闪电，

而是，绝不屈服地把这一切遭遇化为果实。

……

柠檬，这个历经磨难的形象，以它包容的心接受着来自大自然的风雨雷电，这需要多么大的勇气和坚忍的品质！学习柠檬，面对逆境，请把心的盖子打开，装下这一切的逆境和磨难，将它们酿成一坛心灵的醇酒。

巴尔扎克说："挫折与不幸，是天才的晋身之阶，信徒的洗礼之水，能人的无价之宝，弱者的无底深渊。"正因为不能洒脱面对逆境，项羽在乌江书写了"不肯过江东"的悲剧，留下了千年的遗憾。

小强能量站

洒脱面对逆境的心态，就是那泥泞路上的一支木杖；洒脱面对逆境的情怀，就是那雨下的一把伞；洒脱面对逆境的姿态，就是那乘风破浪的船帆。洒脱面对逆境，未来就会对你微笑！

第五节 勇敢者无畏

勇气是你成功的催化剂，勇气是你生活的风帆，勇气是你战胜困难的法宝。如果你是弱者，你就是自己最大的敌人；如果你是强者，你将是自己最好的朋友。

当你有了过人的勇气，你就成功了一半。不仅要有勇气面对困境，还要有勇气将它战胜，这样你的人生就会很精彩。

埃及著名的文学家塔哈小时候便患了眼疾，双目失明。他没有向命运屈服，而是迸发出了比平常人更大的勇气，他知道自己和别人不一样，只有靠耳朵和思想来认识这个世界。他对诗歌情有独钟，一听到别人朗诵诗歌，他就会强制自己将它背下来，有时也让他的家人为自己朗诵。

他还非常喜欢倾听民间淳朴生动的语言，这为他以后的创作打下了坚实的基础。塔哈凭借自己的努力，考进了著名的埃及大学，而且在毕业的时候获得了学校授予的博士学位。

塔哈靠着自己的勇气不仅让自己的生命过得很有意义，还写下了许多鸿篇巨制，被人们誉为“阿拉伯文学之柱”。

如果你还为自己的碌碌无为寻找借口的话，那么你只是缺乏勇气罢了，勇气让我们直面困难，伴我们走向成功。

人生总要碰到逆境和顺境，真正的成功者都是从逆境中磨炼出来的，因此不惧怕逆境是一名成功者必须锻炼的能力，而这个时候，勇气就成了你前进道路上必不可少的动力。相反，如果你没有勇气去面对逆境，那你永远也不会成功。勇气也许能给你带来失败，但它也能给你带来常人无法享受的生活乐趣。

勇气能使成功者在逆境中享受到生活的乐趣，有勇气的人掌握着自己生活的风帆。

当你对某些事情产生抗拒心理，认为你“绝不能”做好这件事的时候，仔细地想一想，或许你会觉悟：是否应该勇敢冲破这些恐惧感，也许你会发现自己潜在的能力。

在你需要它时，你可以理直气壮地宣告：我有勇气！在你非常心慌之际，这么说好像很荒谬。其实不然，你一字一字地宣告，即表示

“心志坚决”，尤其是在你意志动摇，对自己没有把握之时，它会帮你站稳脚步、决不后退，即使那时恐惧已占据了你大半的心思。

当你说“我有勇气”时，你是在表示一种意图，确定你的心中思想，勇气会带领你走你的路，并在你偏离正道之际，随时把你拽回来。

成功者都有一种强烈的欲望，那就是要把事情做好。他们认为取得成功是非常重要的，并且拼命去争取。他们不管自身的潜力大小，总是充分地加以发挥，拿出他们所有的勇气去面对和解决事情。

虽然勇敢地宣告不是件容易的事，但却非常值得。你敢说出你的弱点，愿意敞开心胸接纳意见，接下去，勇气便开始取代恐惧的地位。在有意识地做抉择时，心中伴随而起的是快乐与释然。

如果你有信心而且怀着勇气行动，你就是以创造天赋在做赌注！那些拒绝改变生活、拒绝勇敢地行动的人，也是那些沉溺在赌桌上的人。一个不会拿自己当赌注的人一定没有勇气去赌其他的事物，正如一个懦弱的人从酒杯里去寻求勇气。

如果你心中时刻不忘失败，不断地把自己想象的失败灌输给你的脑中枢，使它愈发深刻生动，以至于你的潜意识也确认其为真，则你就会有失败的感受。

相反地，若你脑子里一直有个积极目标，又一再生动地把这个目标向自己灌输，使它更加深刻清晰，并且把它看作一个已经实现的事实，你就会产生一种稳操胜券的心理：自信、勇往直前而且深信结果一定满意。你要知道，你自己就是英雄！

莎士比亚曾说：“生存还是死去，这是一个问题。”似乎可以这样推论，人一生除了生死之外，似乎再没什么可以让我们能感到恐惧的了。因为对于任何人来说，死亡都难以拒绝。

只要有能够克服恐慌的勇气，奇迹将无处不在。

近年来我国的沿海地区屡遭台风侵袭。在一次台风格美到来的时候，南方某省的一艘渔船不幸遇难。在船被巨大的风浪掀翻的那一刻，船上的人都以为自己会永远离开世界了。但当他们清醒过来时，却发觉自己还活着。

原来他们抓住了船上的一块浮木，正是这块浮木救了他们的命。在轮船的货舱里面，有一位妇女，漆黑的船舱使她惊恐万分。她以为自己从此就再也看不到她的孩子了，想着他们的脸庞，她的心都被撕裂了，她靠着船舱一动不动。

她抬起了头，她靠着船底透过的氧气知道船并没有沉落，这个意外使她让自己的心情慢慢平静了下来。而正在这时，她听到了外面的丈夫呼喊她的声音，她知道自己有救了。是她自己有克服恐慌的勇气，成功地救了她自己。她为自己创造了奇迹。

在我们身边，许多成功的人，并不一定是他比我们“会”做，更重要的是他比我们“敢”做。有句话说得好：如果您失去了金钱，失之甚少；如果您失去了朋友，失之甚多；如果您失去了勇气，失去一切。

林肯在他51岁的时候当选为美国总统，是美国历史上最伟大的总统之一。在早期他走的是一条曲折的路。

他9岁的时候母亲去世，他尝尽了穷人吃的所有的苦头。生活的艰辛使他居无定所，食不饱腹，衣不裹体，幼小的心灵早已被恐慌所占据。为了改变生活，他开始经商，在他22岁的时候经商失败，而美国此时的环境使他坚定了从政的信心。

接着他竞选州议员落选。竞选需要大量的费用，他又不得不借钱经商，没想到会再次破产，他用了16年的时间才把债还清。接着再次竞选州议员赢了，生活渐渐有了起色。没想到在他即将结婚的时候，未婚妻死了。

一连串的打击使他的精神完全崩溃，他卧病在床6个月。这时的他早已不知恐慌是何物。在不断的竞选与落选之间，他一次又一次地坚定信心，鼓足勇气，终于在他51岁的时候当选总统，并成为美国最受人爱戴的总统。

生下来就一无所有的林肯，终其一生都在面对失败。他曾绝望至极，但勇气给了他奇迹。

小强能量站

树的方向，由风决定；人的方向，自己决定。人只要多一点用心与坚持，成功就在不远处。若自己没信心、没勇气，那么自己就会踌躇不前，离成功就更远了。当你叹息的时候，不妨抬起脚步，勇气会助你成功。不断地挑战自我，为实现自己的梦想锲而不舍吧。

第六节　生活中永远没有绝境

人生的旅途中，当痛苦、绝望、不幸和灾难向我们逼近的时候，我们是否还能顾及享受一下快乐的味道？

要知道，只有那些在绝望中仍能抓住一丝快乐的人，才能有勇气继续人生的道路。生活并不总是如我们想象中的那样一帆风顺。当自己的努力被现实击得粉碎的时候，我们便会产生失望的情绪。失望每个人都会有，但是我们不能绝望，否则，我们就会陷入黑暗的深渊，找不到生的希望。

从前，有两个人结伴穿越沙漠。走到中途，水被喝完了，其中一人也因中暑而不能行动。同伴把一支枪递给中暑的人，再三吩咐："枪里有五颗子弹，我走后，每隔两小时你向空中鸣放一枪，枪声会指引我前来与你会合。"说完，同伴满怀信心找水去了。

躺在沙漠里中暑的人却满腹狐疑：同伴能找到水吗？能听到枪声吗？他会不会丢下自己这个"包袱"独自离去？

暮色降临的时候，枪里只剩下一颗子弹，而同伴还没有回来。中暑的人确信同伴早已离去，自己只能等待死亡。他失望至极，想象中，沙漠里的秃鹰飞来，狠狠地啄瞎自己的眼睛，啄食他的身体……终于，中暑者彻底绝望了，把最后一颗子弹送进了自己的太阳穴。

枪声响过不久，同伴提着满壶清水，领着一队骆驼商旅赶来，找到中暑人温热的尸体。

面对生活中的种种不幸，有的人由于极度失望而陷于深深的痛苦之中，以致最后绝望，丧失了对生活的信心，从而采取了"人没有希望，也没有痛苦"的消极态度，让生活沿着"无希望—无失望—无痛苦"的路线走下去。

这种人生态度是不可取的，要知道失望是生活中常有的现象，人会失望但不要绝望，一旦绝望，什么都无法挽回。

新精神分析学家弗罗姆对现代西方社会中人们的失望感作了这样的描述："在现代工业社会中，生活再也没有诱惑力，没有希望了。倘若生活一旦失去了人所追求、所渴望的那种希望，那么促使人去奋斗，去起早贪黑地干，以及为希望而活下去的动力就要全部告吹。对某种伟大的、美好的和重要的东西的憧憬一旦告吹，人就会像扎了一个窟窿的气球，再也打不起精神继续活下去。”

在我们的日常生活中，除非你不去想“希望”和“绝望”这两个词，一旦想到这两个词，你会发现，生活中更多的是绝望而非希望。可以说我们生活的80%～90%是由绝望组成的，而你奋斗下去的唯一动力就是要从这种绝望中找到一线希望。

如今的俞敏洪早已成为中国的“教育首富”，他和他的新东方教育科技集团，被越来越多的人熟悉。然而，俞敏洪的成功之路，却是一个和绝望不断斗争的过程。正因如此，“从绝望中寻找希望”也就成了新东方著名的校训，成为了“新东方精神”中重要的组成部分。

随着新东方的日益壮大，新东方一些元老提出，此校训内容已经不适应时代潮流，有必要对它进行修改。但是俞敏洪不同意，他坚持认为“从绝望中寻找希望”体现的就是一种人生哲学，是新东方除了英语学习与应用技能之外，所能传授给学生的最重要的精神启迪，也是新东方之所以能区别于其他竞争对手，一步一步壮大为中国最大的英语培训机构的真正原因。如果说新东方的成功是一个奇迹，那么这一奇迹就是建立在“绝望”的废墟之上。

俞敏洪认为，哪怕是最没有希望的事情，只要有一个勇敢者坚持去做，到最后总会看到希望。这一观点，他正是从自己的坎坷道路上总结出来的。

1991年，俞敏洪从北大辞职。很快，学校把分给他的房子收回去了，夫妻俩只好租用农民的平房居住，妻子给房东的孩子做家教抵房租，条件虽然艰苦，但总算有了一个落脚之地。

然而，作为一介书生，俞敏洪除了在北大训练出来的一张嘴，身无长物。为了维持生计，俞敏洪放下了北大老师的尊严，骑着自行车，在零下十几度的严寒下沿大街在电线杆子上贴英语培训班招生广告。后来聘请了广告业务员，却发生了业务员被同行刺伤的事件，俞敏洪为此陪警察喝酒，醉得昏迷不醒，被送到医院抢救。醒来后，俞敏洪哭喊着“不干了，再也不干了”。但是，不做英语培训，又能做什么呢？所以，喊过了，哭过了，第二天他仍准时爬起来去上课。

1993 年正式创办新东方的时候，俞敏洪投入全部积蓄购置设备，贴广告，疏通各种关系，一年十几次和妻子为重新寻找一个住处而奔波。在筋疲力尽中，新东方终于迎来了第一批学生，虽然只有 13 人，但是这 13 人给俞敏洪带来了莫大的鼓舞和希望。

即使身处困境，生性乐观的俞敏洪仍然善于从中找到一丝亮色，从绝望中寻找希望。

在某个冬天停电的晚上，俞敏洪发给每个学生两支蜡烛，灯灭了，蜡烛点燃了，窗外寒星闪烁，教室里烛光摇曳，俞敏洪笑着说：“你们看，这样的困难我们根本不怕，只要我们勇敢面对，以后还有什么事情能让我们绝望吗？”

后来有学生回忆说：“在新东方的生活像牲口一样，但有时候回忆起来，总感到骄傲和力量。”因为新东方的老师，以俞敏洪为代表，不仅教给学生们考试的技巧，同时也言传身教地教给了学生们如何在绝望中求生的精神。

可见，任何事情都是你不断努力去做的结果，当你碰到困难的时候，你不要把它想象成不可克服的困难。在这个世界上没有困难是不可克服的，只要你勇于去克服它！

生活中，每个人的期望不只是一个点，而应该是一条线、一个面。这样的好处是一旦遇到难遂人愿的情况时，我们就有思想准备放弃原来的想法，追求新的目标。当然，这不等于“见异思迁”。

比如你去剧场听音乐会，你原先以为自己喜爱的歌唱家会参加演出。不料他因病不能演出，你当时会感到失望。如果你这时将期望的目光投向其他歌唱家时，你就会抛弃失望情绪，逐渐沉浸在艺术美的氛围中，内心充满着欢悦。

有些人的失望，是由于把期望割裂了，以致“毕其功于一役”。当这“一役”难以如愿时，就深感失望。

世界上固然有一帆风顺的幸运儿，而更多的却是命途多舛、历尽艰辛的奋斗者。爱迪生发明灯泡，先后试验了一万多次，倘若爱迪生不把发明灯泡这个期望看成是一个连续的过程，不要说一万次失败，就是一百次失败也足以使他望而生畏、知难而退了。

小强能量站

基于现今的实际情况，如果你在职场中遇到很大的困难，或是暂时失掉了工作，请不要因此绝望，一时的失望过后，一定要重整旗鼓。收拾起自己的坏情绪，马上调整自己，注意给自己充电，一切都会过去的。

第七章 积极心态决定人生

第一节　保持积极的心态

要想改变生活，首先要做的就是改变自己。如果你是正确的，你的生活就会是正确的。当你用积极的心态面对生活时，即使再大的困难也难不倒你。

很多时候，成功就在一念之间。而这“一念”，却来自于你长期的自我情绪调节。把情绪带到阳光下，你就能发挥无限的潜能，走上人生的康庄大道；反之，把情绪带到阴暗潮湿的环境中，你只会越来越消极。

所以，我们要时刻保持正面积极的心态，把情绪控制在一个良好的范围内，以激发无限的潜能，获得人生的成功。

保持积极的心态是一门生活的艺术。你是用积极、乐观的心态看世界，还是用消极、悲观的心态看世界，将决定你的人生轨迹。因为同样的事物，以不同的态度、方法去对待，结果也会完全不同。

只有保持积极的心态，我们才能在困境中仍对未来充满希望。事实上，这也正是成功者与失败者的差异所在。

失败者总是用消极、悲观的心态看问题，所以他们的情绪也是消极的，比如忧愁、悲伤、愤怒、抱怨、焦虑、痛苦、恐惧、憎恨等。这种消极的情绪，会引起人们行动的迟缓、精神的疲惫、进取心的丧失，严重时会使自我控制力和判断力下降，意识范围变窄，正常行为瓦解。

成功者则不然，他们在碰到相同或更大的问题时会有积极的反应，他们会寻求问题好的一面，使结局变得更美好、更成功。我们无法预知生活的各种情况，但我们能够以积极的心态和情绪来适应它，这就是高情商的表现。

心中没有花香的人，势必难以发现花朵的明媚！心中没有阳光的人，势必也难以发现阳光的灿烂。幸福的人是把幸福牢牢记住，心中装满阳光的人。

罗曼·罗兰曾说："要散布阳光到别人心里，先得自己心里有阳光。"出色的艺术家能把丑陋的石头刻画成面带笑容的美丽雕像，平庸的路人却看不到路边美丽的景色，这一切都取决于人的心里是否装进了阳光。

某日，无德禅师正在院子里锄草，迎面走过来一位信徒向他施礼，说道："人们都说佛教能够解除人生的痛苦，但我信佛多年，却不觉得快乐，这是怎么回事呢？"

无德禅师放下锄头，安详地看着他反问道："你现在都忙些什么呢？"

信徒说："人总不能活得太平庸了吧，为了让门第显赫，家人风光，我日夜操劳，心力交瘁啊。"

无德禅师笑道："怪不得你活得不快乐，原来你心里装得都是苦闷和劳累，根本没有把温暖的阳光装进心里，你怎么能快乐呢?”

信徒顿悟，叩谢而去。

阳光给我们带来光明、绿色和希望。人生在世，心中也必须保留一缕明媚的阳光，只有这样，生活才能有声有色，有滋有味。我们都有这样的感受：连续几天阴雨绵绵，心口就像塞了一团东西堵得慌；同样，心中没有阳光，心情就会郁闷和沉重。

现实生活中，苦难确实像飘荡在空气中的尘埃，随时都有可能降临。这就需要我们打开心灵之窗，让灿烂的阳光充满心田。只有这样，我们才能宠辱不惊，从容处世，冷静面对人生的磨难。

阳光并不仅仅指脸上绽放的笑容。它源于内心的一种感悟，源于内在的一种沉淀，更是对人生的一种解读。阳光，是一种温暖的感受；阳光，是一种积极的心态；阳光，是一种向上的精神；阳光，是思想的多彩和个性的完善；阳光，是言谈举止自然流淌出的浓浓爱意；阳光，更是一种人生开阔而明朗的境界。

一个成熟的心灵，最基本的要求是保持阳光般的心态和一张阳光般的笑脸。把阳光请进家里，放在心里。这样的心灵被纯粹的美、圣洁的事物打动，连心灵里那些皱褶的部位，藏着细小阴影的部位，都会被苍穹下那一轮慷慨淡定，纯正耀眼的红日完全照亮。

只要心里有了阳光，即使生活给予了你黄连似的苦楚，你也能在阳光与露水相遇时，以乐观豁达把黄连、阳光、露水勾兑出人世间最可口的绿色饮料。

心里有了阳光，就会有一种积极、乐观的态度。这种心态是积极、知足、感恩、达观的一种心智模式。心态决定选择，选择决定命运。生命的质量取决于你心中阳光的分量。人的起点都是一样的，但只有心态好的人才能从阳光中吸取到能量，才能以一种积极乐观的态度去享受生命，体验别人体验不到的靓丽人生。

小强能量站

积极的心态是黑暗中的明灯，是寒冬的温暖，是一切怯懦和失败的克星。任何时候都要保持积极的心态，只要还有梦想，只要仍存期待，只要不放弃努力，人生就会有很多机会和幸运等着你。

第二节　活在当下，快乐生活

人们担心着未来，却忘记了现在，因此他们既不是活在现在，也不是活在未来。

我们不能再拥有过去，也不能控制未来，所以过去和未来对于我们来说都是虚无的，既然是虚无的我们又怎么能抓住它们呢？所以我们拥有的只有现在……

丹麦流传着这样一个故事。

有一个铁匠，经常有这样那样的担心，比如，“如果我病倒了不能工作怎么办?”“假如我没有金钱，生活会是什么样子?”这些担心像一座无形的大山压得他喘不过气来。

一天，铁匠上街买东西，由于焦虑过度而昏倒，正好有个人路过碰到，这个人了解铁匠的焦虑后，送了铁匠一条金项链，并告诉他：“不到万不得已的情况下，千万别卖掉它。”

自此以后，铁匠不再焦虑。因为他觉得，即便有一天他变得一无所有，也还有这条金项链作为本钱。这样，他白天踏实地工作，晚上回家后踏实地睡觉，毫无忧虑，身体渐渐恢复了健康。

后来，一次偶然的机会，他带着金项链去首饰店询问它的价格，老板告诉他这条项链是铜的，并不值钱。铁匠恍然大悟，明白了自己当初为什么焦虑。

焦虑情绪有一个很明显的特点，就是悲观的想象，担心尚未发生的事。虽然它们也许压根就不会出现，但人们仍然有各种各样悲观的想象和预测。

专注于当下可以减少甚至避免这种焦虑情绪。因为大多数的焦虑情绪，无不来自记忆或对未来的想象，而当你专注于当下时，你将没有时间去想象过去或者未来。

问题是，当下是我们最容易忽略的思维死角。我们总是习惯性地忘不掉过去，很多人甚至心甘情愿地活在过去不肯出来。我们还更加担心未来。但是，过去的毕竟已经过去，而未来又尚未来临，即便来临，最坏的情况也不过是以当下我们所担忧、所不期望的方式发生。既然如此，我们能拥有的不就是当下吗？

王明自名牌大学毕业后，进了一家企业做技术工作，干了没多久，他觉得搞技术没什么前程，每天朝九晚五，生活两点一线，非常枯燥。他看到做销售的同事，经常出差，到不同的城市，开阔了眼界，而且赚的钱也多，于是他琢磨着做销售。

机会来了，正好有个做销售的同事辞职了，于是他找领导谈话，说明了自己的想法。领导觉得，他既然敢于尝试，不妨给他一次机会。

王明得偿所愿了，开始了新的岗位，一开始还很新鲜，做销售时间自由，出差的时候，可以顺便旅游，他心里美滋滋的。

可是，没过多久，王明就发现，做销售并不是简单的事情。甚至，觉得客户处处针对他，生意谈不下来，他又处于工作的迷茫当中。

王明就是犯了没有专注的毛病，当做技术工作的时候，看着销售工作好，而事实往往不是所看到的那样。只有专注于当下，才会让我们心态平和。当我们每天做好计划、做好记录，科学合理地运用时间、享受时间时，会觉得时间突然慢了下来。我们不会再像以前那样行色匆匆，而是会放慢脚步，欣赏周围的花草，呼吸一下新鲜的空气，从而发现生活原来是如此美好。

专注当下不但是做事情成功的关键，也是健康心灵的一个特质。专注就是注意力全力集中到某事物上面，与你所关注的事物融为一体，不被其他外物所吸引，不会萦绕于焦虑之中。

不能专注的人，也就不能放松。专注与放松，实际上是同一枚硬币的两面而已，专注也是幸福人生的一个关键特质。其实，人生何尝不是如此，只有那些专注于当下，真正懂得从生活中寻找人生乐趣的人，才不会觉得自己的日子充满压力及忧虑，才能在不经意间完成一个又一个的梦想。

其实沿途的风景也是随着人的心情而变化的，心情好，风景就显得异常美丽；反之，再美丽的风景也是黯淡无光。同样，在人生的旅程中，我们只有把心放宽，沿途的风景才会显得异常精彩。我们不必太在意人生的目的地，只要把握住当前，充分感受人生的每一刻，就可以了。

学会欣赏春日的山花烂漫，盛夏的碧海蓝天，你会发现生命中的每一处亮色，都会让你受益无穷。智者尊重每寸美景，因为他知道那是我们的人生轨迹，是我们的生命过程。

人往往在喧杂的尘世里十分渴望平静，但人生因为繁杂而精彩，因为交往而丰富。人生在世谁都免不了在享受精彩的同时，因为种种原因使心情很糟。而只有经历过不同的风景，我们最终才会明白：所有一时的窘境只是生活的调味剂，不是每个人一生的事情！只有美丽的景色、快乐的心情，才是幸福的真实意义。

最宝贵的东西不是你拥有的物质，而是陪伴在你身边的人。你若真的深爱一个人，无论他以前如何对你，无论他犯过什么错，你都会去原谅他，甚至为他找理由。你若不爱一个人，可能对方只说错了一句话，你就会立刻翻脸分手。所以，当对方抓住你的小错而分手，不是因为你的错，而是因为他不爱你。原谅这种事，只和爱的深浅有关。有多少爱，就有多少原谅。

若想人生之旅精彩，就要在孤寂中积累，在困苦中煎熬，你的强弱程度，决定了你能够做什么；就要与志同者伴，与道合者谋，与谁在一起，决定了你可以做什么；就要不负重，不短视，你的眼界有多高远，决定了你善于做什么；就要咬定青山，心无旁骛，你的专一与坚守，决定了你可以做好什么。

人生的旅程就像是坐火车，都是一个目的地，从一个起点到下个终点。但有的人埋头读书，有的人玩扑克，有的人聊天，有的人睡觉，有的人欣赏沿途的风景，到了终点站，每个人的收获都是不同的。有的人说太闷了，有的人说太辛苦了，有的人说路上的风景真美啊！很明显，收获最多，心情最愉悦的还是沿途看风景的那些人。

人生苦短，为什么要一生忙于追求功名，而错过人生路途中的美景呢？现代人生活没必要把自己弄得那么辛苦，那么枯燥。在工作之余应该留点时间给自己，看看来往人群的面容，还有喧嚣城市的街边景色，适当地驻足停留，你会发现更多你未曾留意到的东西。

人生路上的许多东西，不会因为你的担忧而失去，也不会因为你的期待而成真，要看自己去如何欣赏，秋日的落叶虽让人有些悲凉，但也有一种凄美的归属感。生活虽然很平凡，但是用美丽的心情去欣赏，也能带来属于自己的灿烂风光。

小强能量站

人生是由无数个当下组成的，只有让自己在许许多多个当下都快乐，人生才会幸福；只有全情投入做好许许多多个当下的事务，事业才会成功；只有用心陪伴当下身边的人，情感才没有遗憾。

明天和意外不知道哪个先到，不要沉浸在过去，不要担忧未来，也不要依赖未来，当下就是永恒。全心全意地去体会及品尝当下的每一个经历，生命的意义就在其中。

第三节　珍惜现在，胜过等待将来

聪明人永远不会坐在那里为他们的损失而哀叹，他们情愿去寻找办法来弥补他们的损失。

已经发生的事情，就让它过去吧，殚精竭虑甚至后悔都没有用。淡定地接受现实，并积极寻求解决之道，这才是生活的真谛，也是成功的秘密。

罗森鲍姆在进入企业收购领域之前，曾在一家投资公司为像彼得·

林奇这样的敢在上帝嘴里拔牙的股市投机者服务。不幸的是，他当时正好碰上20世纪70年代末美国最严重的股灾。在不景气的股市下，仿佛是瞬间的工夫，所有人都变成了穷光蛋，每个人的心里都窝着一股无名之火。

罗森鲍姆也在公司感受到了强烈的暴力气氛。这很不正常，因为就连他也想对着某个人怒吼几声，甚至冲过去打一架。怎样才能摆脱危机？如果公司垮了，他就会失业，这是他想大发脾气的原因。

但就在这时，他看到了总裁理查德先生，顿时惊讶地张大了嘴巴。因为理查德正拿着一块干净的抹布，津津有味地在擦桌子。他的旁边放着一个水盆，里面装满了清水。看得出，这是精心准备的一次卫生清洁工作。隔着总裁办公室超大的玻璃窗，很多人都看到了这一幕。

罗森鲍姆走进办公室问："我不明白，先生，你在干什么？"

理查德看了看他，笑着说："年轻人，我从你的脸上只看到两个字：失控。你想把房顶都掀掉吗？如果发火可以解决问题，我愿意把整个写字楼都炸掉来消除公司面临的危机。可是在此之前你要搞明白，愤怒和发泄能带来什么？它只会让我们做出不理智的决定，让公司错失扭转乾坤的良机！"

"我还是不懂，因为总该做点什么。"

"接受现实，然后静观其变，这就是我想让你们做的。"

罗森鲍姆记住了这句话。作为一名优秀的财务专家和管理专家，他认为自己最幸运的就是在年轻的时候学会了驾驭情绪，以便让自己随时都能做出正确的决策。

有人说，不要老想着自己没有什么，要想想自己有什么；还有人说，不要老想着自己有什么，要想着自己没有什么。我认为，既要想自己有什么，也要想自己没有什么，二者兼顾，才能真正做到珍惜当下，放眼未来胜过等待未来。

看到自己拥有什么，这里的“什么”包含精神财富与物质财富，便可珍惜当下；看到自己没有什么，这里的“什么”多指精神财富，便可知道自己欠缺什么，胜过等待未来。

有些人只看到自己拥有什么，逐渐变得不思进取，久而久之，便会成为一个故步自封、狂妄自大的井底之蛙。

明清时期我国实行闭关锁国政策，关闭国门，并以天朝自居。几百年来，人们便生活在与外界隔绝的环境中，错过了一次又一次发展机遇，直至国外的坚船利炮对准中国的大门，国人才逐渐醒悟。这便是只看到自己拥有什么，不思进取、狂妄自大的典型教训。

而有些人只看到自己没有什么，这里的“什么”多指物质财富，这便免不了与他人比较，在比较中使自身的欲望不断膨胀，开始变得唯利是图，甚至出现“获之弥繁，欲之愈强”的现象。当今社会的人多疲于但乐于追求物质生活，虽最终功成名就，却也心力交瘁，对曾经仰望、羡慕的生活早已失去兴趣。这便是既没有珍惜当下，也未赢得未来的结果。

两种结果都应引起我们的思考，如何既能享受生活，又充满斗志呢？那便是珍惜当下，不要空等未来。

看到自己拥有的物质与精神财富，可以收获慰藉，珍惜当下，体会生活的美好，也收获向未来进发的动力与希望。人们往往在失去后才追悔莫及，却忘了最容易把握的便是当下，当下即拥有。人们总认为自己失去的比拥有的多，殊不知我们拥有的比失去的多，只有看到自己拥有的东西，才能珍惜当下。同样，只有看到自己的不足，明确自己所没有的，才能不断完善自己，将自己没有的变成拥有的，进而不断发展自己。

别让当下安逸的生活消磨你的斗志，也别让暂时的不完美让你忘记体味生活的滋味。把握住自己拥有的，打造自己没有的。在品味生活中不断进取，珍惜当下，胜过等待未来！

第四节　勇于尝试，无怨无悔

每个人都有自己的小圈子，在这个范围内是自己熟悉的事物和人，是自己所谓的“安全区域”。当人们待在安全区域时，会感觉很舒适、很安逸。但在安全区域里待久了就失去勇于尝试的能量，就会错过很多人生的精彩。不知不觉中，像一只背着壳的蜗牛，动不动就把脑袋缩回去。

有的人有一种习惯：每天翻阅相同的几份报纸杂志，他们从来不尝试接受任何不同的观点。在一次科学研究中，科研人员对这种人进行了这样的心理测试：他们请一个政治立场众所周知的人阅读一份报纸的社论。社论开头的观点与他的观点一致。读到一半的时候，观点突然来了一个180度的急转弯。通过暗藏的摄像机，科研人员发现这位读者的眼睛突然转向该报纸版面的另一部分。这个思想僵化的读者甚至不愿意了解一个不同的观点。

生活中也一样，只是接受一种风味的菜肴，便永远也体会不到其他菜肴的美妙之处。有的人想都不想就一口咬定“我这个人口重，喜欢吃味浓的食物”，于是他们在清淡的食品端上来的时候，从来都不会考虑夹一点尝尝看。

在他们的心中就坚信一种观念：只有味道重的东西才好吃，味道清淡的东西不用尝，肯定不好吃。这只能算作过去经验的一种惯性，而成为真理的可能性太小了。

记得一个电视剧中的男主人公说不喜欢吃菠萝，其实只是因为这种水果外表很难看。但是当他有一天吃了弄好的菠萝以后却大声称赞：“这是什么水果，给我再来一块！”菠萝味道没有变，只不过他以前不愿尝，吃了后，才知道原来它跟想象中的不一样。

人一旦暗示自己喜欢某种东西，便会努力说服自己放弃其他的东西。可是我们根本就没有去尝一尝，又怎么知道不好呢？所以一个不会变换口味的人不会成为美食大师；一个墨守成规的人永远也不会成为一个好的创造者。

所以聪明人都会让自己在思维观念上和交际、工作中，保持一颗有弹性的心灵，随时关注、接纳新鲜的观念和力量。勇于尝试新的设想、新的领域和新的追求。

拥有积极心态的人懂得目标、尝试、勇气的价值，知道即便是稍微运用，它们也会带来意想不到的结果。你能做什么？将走什么样的路？这是命运的质问。庸者随波逐流，唯有智者，才有资格成为自己的导师和内心的解读者。

有一个刚从烹饪学校毕业的学生，他知道厨师是一个实践性很强的工作，因此十分希望有机会多实际操作。可是他跑了很多单位也没找到工作，于是他想了一个绝招。他来到一家名气很大的酒店，要了很多菜，最后说自己没钱结账。他拿出毕业证，和经理说：“要钱没有，要么我给你打工还钱吧？”经理便要他以两个月的工作为代价偿还餐费，就这样，他作为新厨师开始上班了。

他肯干，脏活累活抢着干，很快大厨就喜欢上了他，收他为助手，最终这个年轻人成了星级酒店的主厨，并获得多个奖项。所以说，如果你想在某一行业内学习，那么就学习这个年轻人，想办法投入到这个行业中去工作、学习。

这个年轻人为了能进酒店做自己喜欢的工作，且不评论他采取的绝招是否可行，关键是他敢于尝试用这一方法帮助自己成功，如愿地得到这份工作。果不其然，他通过自己的实际行动，为自己开创了一片天地，获得了成功。

“梦里行了千里路，醒来还在床上。”这句话对我们来说是个很好的警示。行动起来，目标才有实现的可能。只有努力把目标付诸行动，才能看到是否有成功的希望。如果连尝试也不去尝试，又哪会有成功之说。就像如下所述的这个人。

有一个外国人一直想到中国旅游，于是制订了一个旅行计划。他花了几个月的时间阅读能找到的各种资料——中国的艺术、历史、哲学、文化。他研究了中国各省的地图，订了飞机票，并制定了详细的日程表。他标出要去观光的每一个地点，每个小时去哪里都定好了。

他的一个朋友知道他很期待这次旅游。在他预定回国的日子之后的某天，这个朋友到他家去做客，问他：“中国怎么样？”

这人回答：“我想，中国是不错的，可我没去。”这位朋友大惑不解：“什么？你花了那么多时间作准备，为什么没去呢？”“我是渴望去中国旅行，但我担心我不懂汉语无法交流，我害怕这趟旅行不是我所想象的那样，所以待在家里没去。”

有很多时候我们有很多很好的想法，同时又有很多顾虑和担心，害怕失败，害怕无法实现，然后就使这个美好的愿望搁置了。比如，想去参加一场比赛，想去实施一项宏伟的计划，想向心怡的人表达爱意，等等。如果不勇敢去尝试，就真的没有可实现的机会了，多年后想起来往往会后悔当初没有尝试。虽然勇于尝试不一定能带来令人满意的结果，但不尝试是绝无满意结果可言的。如果为了一个美好的想法勇敢去尝试了，即使失败了也算不了什么，最起码我们为之付出行动了，最起码我们参与了。

拥有积极心态的人懂得目标、尝试、勇气的价值，知道即便是稍微运用，它们也会带来意想不到的结果。在面对任何事物的时候，要敢于创新，要勇于尝试，不要有做不到或者不可能完成之类的消极想法。

英国著名将领兼政治家威灵顿小的时候，大家都认为他是低能儿，连他母亲也认为他先天反应迟钝。他几乎是学校里最差的学生，别人都说他迟钝、呆笨又懒散，好像他什么都不行。他没有什么特长，而且想都没想过要入伍参军。在父母和教师的眼里，他的刻苦和毅力是唯一可取的优点。但是他在46岁时，打败了当时世界上除了他以外最伟大的将军拿破仑。

一切皆有可能，不要让固有的思维制约事物的发展，不要待在安全区域里不敢出头，勇于去尝试，开创人生更多的精彩。只有勇于尝试，才能不断在成功的道路上前行，即使没有达成理想的结果，人生也无怨无悔。

苦思冥想，谋划如何有所成就，却没有勇气去尝试的人只是在做白日梦。勇于迈出行动的第一步，你成功的机会就会提高。而只想不做，将永远没有实现计划的可能。

很多人害怕行动出错，内心迟疑而不敢行动。须知，成功人士之所以能成功，就是因为他们犯的错误比一般人多。要知道，大量地尝试能使你尽早积累各方面的经验，更快地积累人脉关系和专业知识，更快地领悟成功的真谛。要明白，一切成功都不是天上掉下来的美事，而是经过了生活中大量的磨难，使自己具备了成功者的素质之后，水到渠成的结果。害怕失败而不去尝试的人，注定不会成功。

现在做，马上做，是一切成功者必备的品格。当你有了好的想法之后，最重要的一步就是让自己勇于尝试，立即让自己行动起来。一个真正的决定必然是有行动的，并且还要立即行动，打一个电话或拟出一份行动方案都是可行的。

勇于尝试还是提升自我、完善自己的一条途径。我们要达到自己的人生目标，就必须在朝向目标迈进的过程中，历练自己的能力和智慧。同时，我们可以享受行动带来的乐趣：自我的成长，朋友圈子的增大，能力的增加，智慧的累积，学识的提升，等等。可以发现，不仅成功是美好的，走在成功之路上，享受离目标越来越近的感觉，也是十分美妙的。

总之，有梦想就行动，坚持行动就会实现梦想。有目标就立刻采取行动吧。因为，播下一颗行动的种子，你将收获一种习惯；播下一种习惯，你将收获一种性格；播下一种性格，你将收获一份成功。

小强能量站

如果你有一个很好的主意，如果你渴望去参与一项具有挑战的事务，就去尝试吧，这会增加你人生的体验和感悟。如果结果不尽如人意，也完成了一个心愿，更要嘉许一下自己的勇气。人生首先是不要怕，然后是不要悔。如果结果很满意，就嘉许一下自己为此付出的努力。

第五节　不要中懒惰的毒

一头小牛和一匹骡子共同为主人耕地。一天，小牛说：哎呀，太累了！不如我们装病休息一天吧。

骡子老实地说："我们都休息了地谁来耕呀！还是我去吧！"于是骡子去耕地了，小牛躺在圈里装病。傍晚，骡子回来了，小牛问：主人没说什么吧？骡子说：没有。

小牛就想：明天我继续装病。连续三天，小牛都躺在圈里装病。但是到了第四天，骡子却再也没有见到小牛——主人认为小牛已经没有用处了，所以找来屠户把它杀了。

这则寓言告诉大家：每个人都有他的价值，恰恰因为他的价值，这个人才有了存在的意义。如果存在着投机心理，不肯付出劳动去实现自己的价值，那么也就没有存在的意义了。

同样，在工作中也是，如果不肯踏踏实实地工作，而时刻想着如何能偷点懒、省点力，那么你在团队中也就没有了价值，你的命运也就会和小牛一样——被淘汰。

曾有人问李嘉诚的成功秘诀，李嘉诚讲了下面这则故事。

在一次演讲会上，有人问 69 岁的日本"推销之神"原一平其推销的秘诀是什么，他当场脱掉鞋袜，将提问者请上讲台，说："请你摸摸我的脚板。”

提问者摸了摸，十分惊讶地说：“您脚底的老茧好厚呀！”

原一平说：“因为我走的路比别人多，跑得比别人勤。”

李嘉诚讲完故事后，微笑着说：“我没有资格让你来摸我的脚板，但可以告诉你，我脚底的老茧也很厚。”

经营之神王永庆用“一勤天下无难事”总结了他的成功之路。

对一位渴望成功的人来说，懒惰最具破坏性，它会使人丧失进取心。在生活中，多数人天生懒惰，都尽可能逃避工作；有一部分人有着宏大的目标，也缺乏执行的勇气。

其实，懒惰是一种心理上的厌倦情绪，也是最危险的恶习。它的表现有多种，包括极端的懒散状态和轻微的犹豫不决。一旦开始遇事拖延，就很容易再次拖延，直到变成一种根深蒂固的懒惰的习惯。

懒惰有以下十种表现症状：

（1）不能愉快地同亲人或他人交谈，尽管你很希望这样做。

（2）不能从事自己喜爱做的事，不爱从事体育活动，心情也总是不愉快。

（3）整天苦思冥想而对周围漠不关心。

（4）由于焦虑而不能入睡，睡眠不好。

（5）日常生活及其起居极无秩序，无要求，不讲卫生。

（6）常常迟到、逃学且不以为然。

（7）不能专心听讲、按要求完成作业，文具常不配齐。

（8）不知道学习的目的，不能主动地思考问题。

（9）没有时间观念，事情总是想着明天做。

（10）明明没做什么事情却老是觉得身心疲惫，打不起精神。

习惯性的拖延者通常也是制造借口与托辞的专家。如果你存心拖延逃避，你就能找出成千上万个理由来辩解为什么事情无法完成，而对事情应该完成的理由却想得少之又少。把“事情太困难、没有办法的、太花时间”等种种理由合理化，要比相信“只要我们更努力、更聪明、信心更强，就能完成任何事”的念头容易得多。

如果你想让自己成功，如果你想让自己成为人群中受欢迎的人，就不要中懒惰的毒，它会置你于死地。

小强能量站

克服懒惰，正如克服任何一种坏毛病一样，是件很困难的事情。但是只要你决心与懒惰分手，在实际的生活学习中持之以恒，那么，灿烂的未来就是属于你的！

第六节　不要拿过失处罚自己

打翻了一杯牛奶不可怕，可怕的是一直放不下那杯已经不存在的牛奶。

印度诗人泰戈尔曾说过：“如果你因错过了太阳而流泪，那么你也要错过群星了！”所以，我们要学会遗忘。毕竟，人是为着现在和将来活着的，而不是为过去活着的。

生命之旅不可承受太多的重负，在过去的阴影中回望，永远感受不到的阳光的温暖。无论过去多么辉煌还是失落，这一切都成明日黄花，都已经不再重现。

东汉有一位名叫孟敏的大臣，年轻的时候曾卖过甑（一种蒸食用具）。一次，他的担子掉在地上，甑都被摔碎了，但他头也不回地径自离去。

有人问他：你的甑都被摔碎了，非常可惜，你怎么却不管不顾呢？（坏甑可惜，何以不顾？）

孟敏十分坦然地回答：既然甑都已经摔碎了，关注它又有什么用处呢？（甑已破矣，顾之何益？）

这是一种极豁达的心态，也是一种极高的生活哲学。是的，无论甑与自己的生计如何息息相关，可它被摔碎已是无法改变的事实，你为之感到可惜、懊悔，顾之再三，又有何益处呢？

不为无法挽回的事情痛苦后悔，也不为无法改变的事情焦虑紧张，这是智者的生存智慧，也是人生的幸福哲学。中国有句老话叫“覆水难收”，说的就是无论我们怎么懊悔，已经发生的事情都不能挽回了。

但是，我们虽然不能改变过去发生的事，但却可以改变对过去事情的态度。莎士比亚说：“聪明人永远不会坐在那里为他们的损失而哀叹，而是用情感去寻找办法弥补他们的损失。”说的就是过去的已经过去，我们所能弥补的唯一措施就是亡羊补牢，尽量挽回做错事情所带来的损失和影响，保证不再犯此类错误。

人生的许多烦恼，常常起因于过去。有的人犯了错误，就会自责自贬不已，甚至辱骂自己、讨厌自己，总觉得别人在责怪自己，于是惶惶不可终日，甚至深居简出，与世隔绝。其实，人非圣贤，孰能无过？

如果有了一点过错、挫折，就终日沉陷在无尽的自责、哀怨、痛悔之中难以自拔，那么，这不仅会失去快乐的心境，也会影响自我的精神状态。最关键的是，其人生境况会像泰戈尔所说的那样，不仅失去了正午的太阳，而且将失去夜晚的群星。

遗憾的是，总有一些人在为“打翻的牛奶哭泣”。他们总是为昨日的损失悲叹，甚至为了挽回不可挽回的过去而作出更加错误的决定，结果遭受更大的损失。

多数人喜欢将焦点集中在自己犯的错误上，关注在生活中的不如意上。但这并不能改变什么，他们忽略了将错误搁在心里的害处有多大，那样不仅会感觉有压力、紧张，还会因自我防卫过严而变得冷酷无情。

我们有太多的事要去做，也有太多的错误需要弥补。为了保持平衡，必须给自己一点宽容，接受现实中不完美的一面。如果追求事事皆完美而事实上根本做不到时，就会沮丧，会觉得生活无聊透顶，身边的人也会对你敬而远之。

将焦点集中在自己的过错上，很容易深陷小事的泥沼中，认为自己真是一无是处。负面的思考，将会带来负面的能量，继而产生负面的行为。你会停留在问题、愤怒与不安全的状态中，以后做事会更紧张，也会更吹毛求疵、更自责，也许会更难尽如人意。人有缺点并不可怕，可怕的是因缺点而自卑，因自卑而虐待自己。

其实，自责、懊恼除了会影响我们的情绪和健康，不会有任何的收益。所以，愚者，可能会为过去的错误而烦恼，并长时间的陷入其中不能自拔；而智者则总是以豁达的态度看待失败和错误，他们会勇敢地面对过去，冷静地分析过去的失误和原因，吸取有用的教训，重新投入到新的事情中去，避免再出现类似的错误。

当你想到自己做对事情时，就会将焦点集中在自己优秀的一面，会

觉得自己有能力而且潜力无穷，你会多给自己一点机会，容许自己做错事时有改进的空间。

想到自己做得对的事，能让你变成一个更有耐心的人，对你自己或别人都更有耐心，你会看到人生的积极面，你会知道自己或别人都在尽力而为。

总之，接受生活中的不完美，再不会那么紧张、压力过重，像有人一直跟在身后计分一样。专家的建议是：你在各方面都尽力而为后，就要放手。

因为无论你有多努力，都难免会犯一些错误。下次做得不够好的时候，不要严肃地责怪自己：看，你又犯了这毛病，怎么搞的，怎么这么笨，老是学不会，难怪别人不喜欢你！要把责怪转换成笑自己：噢，事情不是这样子的，好吧，以后要更认真些哦。这样是不是会过得快乐一些！

当然，自我快乐的心态不是与生俱来的，是靠后天自觉自愿的磨砺和修炼得到的。这不仅靠个人努力，也靠生活在自己的圈子里的其他人的潜移默化。

小强能量站

人生不能总向后看，而应尽量向前看，将过去的挫折和损失作为经验教训吸取，重新开始。“塞翁失马，焉知非福”。人生其实就是如此，只有现在果断放弃，未来才能更好地拥有。

第七节　好心态演绎好人生

人生好比一杯茶，从茶叶在沸水中沉浮几许，散发出香远逸馨的醉人芬芳，到冷却，逐渐稀释到平淡如水，不过是短短的几十年。

所谓的成功与辉煌不过是茶香发挥到极致的那一瞬间，不要为了那样一个短暂的一瞬，让更长久的时间处于对欲望的过度追求和贪婪中，而把自己陷入无尽的痛苦中，无法自拔。我们应该以一种平和的态度，微笑着面对生活中一切自然的恩赐。因为，一个良好的心态能够成就我们幸福美满的一生。

罗马帝国的创业者恺撒大帝有一次乘船出海，途中突遇狂风巨浪，水手们面对突如其来的灾难，个个惊慌失措，乱作一团，以为这次在劫难逃了。满船人只有恺撒稳坐船中，镇定自若。

他对着惊慌失措的人们大喝一声："有我恺撒在你们怕什么！"此言一出，大家马上镇定下来，并同心协力战胜了风浪，安全返航。

人们都以为，恺撒得到了神助，其实，助恺撒的，是他对生活中的一切都做好了准备的这种稳定成熟处变不惊的心态。

不畏风浪，安之若鹜，方能成就不凡的人生。

培养一种凡事都可为的态度是非常重要的。有两个推销员被派往非洲去卖鞋。其中一个推销员在拍回公司的电报上写道："立即返回。这里没有人穿鞋。"另一个则写道："绝佳机会，将能卖出 100 万双，因为这儿还没有人有鞋子。"

当你看到半杯水时，你会怎么形容它？是一杯半满的水，还是一杯

剩下一半的水？

当想到交通标志时，是先想到红灯，这是绿灯？小心点，你的人生态度就在此表现出来。记住，一个乐观的人当鞋子磨破时，只会觉得更“脚踏实地”，而不会觉得难堪。这就是积极的态度，而这种乐观向上的态度对你的影响是至关重要的。

在大战期间，一个住在美国东部的新婚妻子，随先生驻防加州，住在靠近沙漠的营区里。营区里生活条件很差，先生是不想让太太跟着吃苦的，但是太太坚持一定要跟他去。

他们只找到了一间靠近印第安村落旁的小木屋，白天那里气温闷热难耐，连阴凉一点的地方都有40多度。风又总是一年到头呼呼地吹个不停，把尘土弄得到处都是。旁边住的全是一些文化层次很低、不懂英语的印第安人，漫漫长日极其无聊。

一日，她的丈夫必须外出两周参加部队的演习，剩下她一个人在家，更是寂寞之至。于是，她写信给母亲说她要回家。母亲很快回信给她，信中写到：“有两名囚犯从狱中眺望窗外，一个看到的是泥巴，一个看到的是星星。”

她看了母亲所写的话，觉得很惭愧。“好吧！”她想，“我就去找那星星吧。”于是她走出屋外，和邻近印第安人交朋友，并请他们教她如何织东西和制陶。刚开始彼此还有点生疏，但是当他们了解到她真的是对这些有兴趣时，他们也真诚相待。她因此迷上了印第安文化、历史、语言及所有印第安人的事物。

不仅如此，她还开始研究起沙漠来了，很快地，沙漠在她眼里也从荒凉之地，摇身一变成为一处神奇炙丽的地方。最后她成了沙漠专家，还写了一本有关沙漠的书。

是什么改变了她？绝不是沙漠或印第安人，只是她的态度的转变。由对沙漠没有兴趣，转变成开始去积极与当地人沟通、交流，直至慢慢习惯和喜欢上这片沙漠。这位妻子仅仅因为心态的改变，不但把逆境改变为了顺境，自己也获得了开心的生活。

对于每一个追寻生存意义的人来说，你必须克服的弱点是什么？是自卑、是沮丧、是犹疑、是了无生趣。但无论是什么，都不可怕。只要你能正视它，它或许在某一时刻会影响你，但决不能让它影响你的一生。

记住了这一诤言，你才能跨越障碍，实现人生的意义和价值。美国的教育家卡耐基说："一个对自己的内心有完全支配能力的人对他自己有权获得的任何其他东西也会有支配能力。当我们开始用积极的心态并把自己看成成功者时我们就开始成功了。"

这个世界有太多的诱惑，我们应该以一颗纯美的灵魂对待生活，以清醒的心智和从容的步履走过岁月，以积极乐观的心态对待生活中的繁华和诱惑。

只有洞悉了生存的意义，相信人人为我，我为人人，相信生活中的一切悲欢和困苦都不是生活的全部，才可以利用人生的一切机遇，成功地开创属于自己的未来。

美国有一位伟大的哲学家威廉·詹姆斯曾经说过："我们这一代最伟大的发现是，人类可以经由改变态度而改变自己的生命。"

小强能量站

大多数人失败并非由于才智平庸，也不是因为时运不济，而是由于在人生长跑中没有保持一种健康的心态，使得自己最终无法触摸到成功

的终点线。与其说他们是在与别人的竞争中失利，不如说他们输给了自己不成熟的心态。塑造自己的成功者心态，才能到达成功的彼岸。否则，你将一事无成。

成功是一种心态，心态决定一切。“一个健全的心态，比一百种智慧都更有力量！”英国著名文豪狄更斯如是说。每个人成功的机会都是均等的，但心态的好坏则直接支配并决定着最后的成与败。学会用健康的心态和智慧改变你的一生，为你的生命增光添彩。

第八章
幸福其实很简单

第一节　幸福要用心来读

幸福这玩意儿，有的人一生在追求，却一生感觉不到它；有的人从未刻意追求，却时刻品尝着它；有的人在别人眼里已经很幸福了，而他自己却体会不到；有的人在他人看来很不幸福，而他却觉得十分幸福。幸福到底是什么？怎样才能拥有幸福呢？

其实，幸福只是一种感觉，它源于一颗感恩的心。能够拥有融洽至爱的亲情、爱情、友情，就是真正的幸福。

有一个人，他生前善良且热心助人，所以在他死后，升上天堂，做了天使。他当了天使后，仍时常到凡间帮助人，希望感受到幸福的味道。

一日，天使遇见一个诗人，诗人年青、英俊、有才华且富有，妻子貌美而温柔，但他却过得不快活。

天使问他："你不快乐吗？我能帮你吗？"诗人对天使说："我什么

都有，只欠一样东西，你能够给我吗?”

天使回答说：“可以，你要什么我都可以给你。”诗人直直地望着天使：“我要的是幸福。”这下子把天使难倒了，天使想了想说：“我明白了。”

然后天使把诗人所拥有的都拿走。天使拿走诗人的才华，毁去他的容貌，夺去他的财产和他妻子的性命。天使做完这些事后，便离去了。

一个月后，天使再回到诗人的身边，他那时饿得半死，衣衫褴褛地躺在地上挣扎。于是，天使把诗人的一切还给他。然后，又离去了。

半个月后，天使再去看望诗人。这次，诗人搂着妻子，不停地向天使道谢。因为他终于感受到幸福是什么了。

只要心中有爱，珍惜自己所拥有的，一路走下去，幸福会始终跟着你。人生很奇怪，每每要失去的时候，才懂得珍惜。其实，幸福早就放在你的面前。肚子饿坏的时候，有一碗热腾腾的拉面放在你眼前，这就是幸福。累得半死的时候，扑上软软的床，也是幸福。哭得要命的时候，旁边温柔的递来一张纸巾，更是幸福。

幸福本没有绝对的定义，幸福是用心来感受的。感受一下你所拥有的幸福：在你穷途末路时，曾给过你鼓励和帮助的朋友；在你遇到挫折，心灰意懒时，曾给过你温暖和安慰的家人；在你饥寒交迫时，美美地吃上一顿饱饭；在你心急如焚，口干舌燥时，喝上一杯冰镇汽水，这种种的一切，都是你的幸福。珍惜现在你所拥有的，感到非常的满足，你就是最幸福的。幸福其实就这么简单。

曾经看过一对老人，或许是我认为见过最幸福的一对。其实他们只是一对流浪的夫妻，岁数已经很大了。

见到他们时是在一个阳光明媚的午后，他们悠闲的在广场上走着，衣服虽然有些褴褛，可让我有些讶异的是他们居然像一对初恋的情人那样手牵着手。男人背着破旧的包袱，牵着女人很坚定地往前走着，女人则紧紧地跟着男人。

虽然他们看起来很落魄，但奇怪的是，他们的脸上竟然都有一种满足感，似乎根本没有看到周围人奇怪的眼光。我有些迷惑了，竟傻傻地站在那儿看着他们一直走远，我不明白为什么如此穷困潦倒，他们居然还可以活得这么悠闲自得，难道幸福真的可以这么简单吗？

只要你用心去看，其实幸福已经在你的身边了。想想吧，早上吃着家人为自己准备的早餐，在公司为自己亲手泡一杯最爱的香茶；看看信箱里久未谋面的朋友发来的问候。这些其实都很简单，但是谁又能否认能拥有这一切的人不幸福呢？

有这么一则寓言。

一只小狗告诉它的妈妈："我有一个朋友跟我打赌，说只要我能抓到自己的尾巴，就能够得到最好的幸福，最大的快乐。我这一天就跳着蹦着追自己的尾巴，结果怎么抓也抓不着。妈妈，我这一辈子是不是就找不到幸福快乐了呢？为什么我连自己身上的东西都抓不着呢？"

小狗妈妈笑了："幸福和快乐就跟你自己的尾巴一样，它就在你的身后，只要你向前走，它就永远跟随着你。"

只要你用心去感受，你就会发现幸福永远跟随着你，它时刻陪伴在你左右。

小强能量站

人永远不要和自己已经获得的东西去较劲。幸福快乐，本身就是人生的一部分，刻意追求，反而会抓不住它。只要用积极的心理去感受生活，幸福快乐其实一直就围绕在我们身边。

第二节　快乐是一种人生选择

微笑能让你感到快乐，表现得像发生了什么开心事一样，也能让你得到与真心大笑同样的效果。所以，请笑起来吧，像不曾受过伤一样。只要嘴角轻轻上扬，你的人生就会充满快乐。

英国心理学家霍特曾讲过这样一个故事。

某天，克里斯感觉自己情绪低沉，以往他应对情绪低落的方法是躲起来不见人，直到心情好转为止。但这天他要跟上司一起去参加一个重要的会议，无法逃避，所以只好强装出一副精力充沛的样子。

在会议上，克里斯笑容满面、谈笑风生，完全装出一副心情愉悦而又亲切热情的样子。让他感到惊讶的是，这种状态维持没多久，他竟然发现自己不再抑郁低迷了。

克里斯并不知道，他在无意中运用了心理学的一个理论来调整了自己的情绪，即假装处于某种情绪下，往往能让自己真的产生这种感受。

显然，快乐是可以创造出来的。事实上，心理学专家通过研究发现，人类行为的方方面面，包括走路和说话的方式，都能影响人们的感觉。

美国佛罗里达州大西洋大学的心理学家萨拉·斯诺德格拉斯研究了走路方式对人们情绪的影响。她假装要做一个关于身体活动对心率影响问题的研究，要人们用不同的方式走三分钟。其中一半的实验参与者要大步走、摆动胳膊、昂首挺胸，另一半则要小步、拖着脚走路、眼盯着地面。

实验结束后，所有参与者都要给自己的快乐指数打分。结果显示：大踏步走的人与拖着脚步走的人相比，明显感到更快乐。

可见，快乐是可以被创造的。身体上小小的改变，就能让身体充满正面积极的能量。

来自海德堡大学的另一位心理学家赛比娜·科赫通过另一个实验证明了这一理论。她训练了一帮人，教他们用一两种不同的方式握手。一部分人学习如何顺畅地握手，另一部分人则学习如何生硬地上下握手。然后，这些人勇敢地与将近五十个实验参与者握手。每一次握手后，科赫都会询问实验参与者的感受。

结果显示，与那些和动作生硬的人握手的实验者相比，那些和动作顺畅自然的人握手的实验者感到更快乐，与对方心理上更加亲近，认为这些人态度随和，更加招人喜欢。当然，那些使实验参与者表现得更加快乐的握手动作顺畅的人，同时也自我感觉良好。

合适的说话内容也能给我们带来快乐。20 世纪 60 年代末，美国临床心理学家艾米特·费尔腾找来一批志愿者，将他们随即分为两组，并给每一组一沓卡片。第一组志愿者拿到的卡片中，最上边的一张提醒大家：每张卡片的内容不同，他们要大声地念出卡片上的话。第二张卡片上写着：“今天既不比过去好，也不比过去差。”第三张卡片上的内容则是：“然而，我今天感觉确实不错。”慢慢地，志愿者念完了全部六十句话。接近结束时，卡片上的话变得越来越积极正面。

第二组志愿者也要念出卡片上的话。但是，他们的卡片上的话并不是积极向上的。于是，实验过程中，第二组志愿者一直在大声朗读各种事实，包括“土星有时候与太阳和地球连成一线，所以我们看不到它”、“东方列车行驶在巴黎和伊斯坦布尔之间”等。

实验结束，费尔腾让所有的参与者为自己的快乐指数打分。结果，第一组志愿者情绪反应相当好，而第二组的志愿者则没什么特别的感觉。

小强能量站

不起眼的日常行为中，蕴含着神奇的能量。一旦我们了解了各种行为对情绪的影响，那么我们就能借助走路的方式、说话的内容等随时调整自己的情绪，使自己时刻处于最佳的状态。

第三节　坦然对待任何事

“不以得为喜，不以失为忧”，是一种非常良好的心态。这种心态的优势是专注于自己的事情，不因一时得失而忧心忡忡或兴奋狂跳。也不要大喜大悲，那样会使我们失去冷静。

要以一种泰然处之的心态去面对。生活是我们的导向，它能把我们从痛苦中引领出来。在沉重的打击面前，需要有处乱不惊的乐观心态。冷静而乐观，愉快而坦然。在生活的舞台上，要学会对痛苦微笑，要坦然面对不幸。

量子论之父马克斯·普朗克是19世纪末20世纪前半期德国理论物理学界的权威，在科学界颇有威望，于1918年获诺贝尔物理学奖。

普朗克的一生并不是一帆风顺的。中年的时候妻子逝世；在第一次世界大战期间，他的长子卡尔在法国负伤而亡；他的两个孪生女儿也都在生孩子后不久，分别相继去世。

对于这些不幸，普朗克在写信给侄女时说："我们没有权利只得到生活给我们的所有好事，不幸是自然状态……生命的价值是由人们的生活方式来决定的。所以人们一而再再而三地回到他们的职责上，去工作，去向最亲爱的人表明他们的爱。这爱就像他们自己所愿意体验到的那么多。"

对于自己遭遇的一个又一个的不幸，普朗克都能正确地对待，他没有被这些不幸击倒，没有忘记自己人生的意义。

第二次世界大战中，不幸的遭遇又一次降临到普朗克的头上。他的住宅因飞机轰炸而焚毁，他的全部藏书、手稿和几十年的日记，全部化为灰烬。为了逃避空袭，他只好暂寄在一位朋友的庄园里。

对于失去家园、财产，他泰然处之。他写道："在罗格茨的生活还不算坏。"因为他还可以工作，他已经准备好了他想要进行的关于伪科学问题的新讲演。

1944年年末，他的次子被认定有密谋暗杀希特勒的"罪行"而被警察逮捕。普朗克虽向多方求助，却没有任何效果。

普朗克在后来给侄女侄儿的信中说："他是我生命中宝贵的一部分。他是我的阳光，我的骄傲，我的希望。没有言辞能描述我因他而蒙受的损失。"他在给阿·索末菲的信中说："我要竭尽全力让理智的工作来填补我未来的生活。"

普朗克面对如此巨大的悲痛，仍然以泰然的心态处之，实在让人敬佩。事实证明，他赢得了世人的尊重。如果我们的心灵不断得到坚忍、顽强、刻苦、质朴之泉的灌溉，那么不论我们一贫如洗或是位卑如蚁，也可以求得平和之心态。

任何事情都有它的两面性。成就能给你带来快乐，也可以给你带来烦恼。不要过分地去追求，也不要过分地重视自己的地位，你便会过得坦然而自信。

坦然是一面镜子，一有裂痕，就难以复原。

1988 年的汉城奥运会，约翰逊只用 47 步 9 秒 79 的时间就跑完全程。然而，经过检验发现，他服用了兴奋剂，约翰逊的行为让人们对他由敬佩变为了蔑视，难道是他没有信心获得冠军，还是仅仅为了那一点虚荣而毁坏了自己的人格?

那个冠军对别的运动员是不公平的，约翰逊缺少的是心灵深处的坦然。当人的心中拥有一份坦然的时候，你就会发现只有一颗靠自己辛勤种植培育的花，才能开花结果，才能散发出令人陶醉的芳香。

一个人的坦然，是一种生存的智慧。生活的艺术，是看懂了社会人生以后所获得的那份从容、自然和超然。

一个人要能自在自如地生活，心中就需要多一份坦然。笑对人生的人比起在曲折面前悲悲戚戚的人，始终坚信前景美好的人较之脸上常常阴云密布的人，更能得到成功的垂青。

马克·吐温被评论家们称美为美国最伟大的爱开玩笑的人，他也是美国最伟大的哲学家之一。他从小就已经接触到生活的种种悲剧：他的两个哥哥和一个姐姐，在他年少时相继死去；他的 4 个孩子，在他还活在人世的时候，也都一个个先他而去。他饱尝了生活的苦楚艰辛，可他坚信，如果用欢笑作为止痛剂来减轻苦痛，也能够得到乐趣。我们可以适当地使自己处于超然的地位，来观赏自身痛苦的情景。

在沉重的打击面前，需要有处事不惊的乐观心态，这样就能战胜沮丧，化坎坷崎岖为康庄大道。你可能一时丢掉了原本属于你的东西，或是错过了一次机会，但是，在精神上绝不能失望。冷静而达观，愉快而坦然，是成功的催化剂，是独辟蹊径、迎接胜利的法宝。

无所欲，无所求，只愿有个好的体魄，有个幸福的家庭，衣能裹体，食能饱腹足以。这是一种超境界的平常心态。

摒弃世俗的偏见，豁达、洒脱，无忧无虑的承受人生百味，争取做到富不狂、贫不悲、宠不荣、辱不惊，真正拥有一颗健康、平和的心态，痛痛快快地享受人世间的阳光和温馨。

1914 年 12 月的一天晚上，爱迪生所在的新泽西州某市的一家工厂失火，将近 100 万元的设备和大部分研究成果被烧得一无所有。

第二天，这位 67 岁的发明家在他的希望和理想化为灰烬之后，来到现场。大家都用同情和怜悯的眼光看着他，而他却镇定自若地对众人说："灾难也有好处，它把我们所有的错误都烧光了，现在可以重新开始。"正是这种超凡脱俗的乐观心态，使这位大发明家在事业上步步迈向成功。

这个世界上有太多的诱惑，就有太多的欲望。一个人需要以清醒的心智和从容的步履走过岁月，他的精神中必定不能缺少淡泊。淡泊是一种境界，更是人生的一种追求。虽然，我们每个人都渴望成功，但我们更需要的是一种平平淡淡的生活，一份实实在在的成功。

得意也罢，失意也罢，要坦然的面对生活的苦与乐。假如生活给我们的只是一次又一次的挫折，也没什么的，因为那只是命运剥夺了我们活得高贵的权利，但并没有夺走我们活得快乐和自由的权利。

小强能量站

你快乐有人比你更快乐，你伤心有人比你更伤心；你富有有人比你更富有，你贫穷有人比你更贫穷；你幸福有人比你更幸福，你不幸有人比你更不幸……你永远也做不到之最。

用一颗平常心去对待身边的人和事，把自己的心情放平和，不要刻意地强求，凡事尽最大努力，至于结果怎样，有诸多因素决定。谋事在人，成事在天。最重要的是自己将来不后悔。对待工作，对待生活都要这样。

第四节　多点珍惜少点后悔

这个世界上最珍贵的不是得不到的，也不是已经失去的，而是已经拥有的。

所以，不要因为失去什么东西而懊丧后悔，也不要因为尚未得到什么东西而妒火中烧。想想自己已经拥有的，比如幸福的家庭，可爱的孩子等。当你把视线从“我想要”转移到“已拥有”时，你就会找到“富足感”。

一个阳光灿烂的早晨，垂垂暮年的富翁坐在自家豪宅门口，看着门前人来人往。

几个年轻人说说笑笑地走近，他们衣着质朴，但浑身都散发着青春的朝气。富翁想，如果我能回到他们那样的年龄，即使只给我一年，我也愿意用全部的财富来换。年轻人也看到了富翁以及他的豪宅，禁不住心想：要是能拥有富翁哪怕十分之一的财富，为此付出任何代价都在所不惜。

于是，富翁感到很失落，他为岁月的无情而绝望。而年轻人则出现了忌妒心理，他们觉得人生很不公平。

附近的一个乞丐正在晒太阳，他把破破烂烂的衣裳拿出来，晒在路边的树枝上，然后眯起双眼，开始幸福地享受阳光。他没看见富翁，也没看见年轻人，他只看见了遍地阳光。

人生，一个不能说长，亦不可谓短的历程。朝升日落间，晨起暮憩中，春荣秋枯间，或平凡或辉煌的一生，也便完成了它的最终使命。这是大自然的规律，无人能易。

但就算这短短的数十载，如果你不知珍视自己所拥有的职业与家庭，不思“吾日三省吾身”的必要，每每面对生活给予你的多项选择题时，只一味地放纵自己的欲望，再犯那贾瑞图一时之欲念，终不理“宝鉴”之背面的救命骷髅，到头来只能落得个赔了自己曾经拥有美好生活和幸福家庭不算，更有甚者竟丢了自己最不可再生的性命。

每每面对错误时，人们时常会想，如果这世上有卖“后悔药”的，那该多好呀！岂不知，这世上虽未有卖那“后悔药”的，却有一人专司那“无悔药”。你若不知此为何人，我且告诉你：那就是自己！没错，就是你自己。君不见，曾子所言：“吾日三省吾身，为人谋而不忠乎？与友交而不信乎？传不习乎？”那不就是在提醒你：为人谋事要尽心尽力，与友交往要诚实守信，不传递自己未思虑成熟的不确定之事

吗？这不正是我们“珍视职业生涯，珍惜幸福家庭”所要求我们每位员工做到的吗？

如果你身体力行于工作中，常怀珍视自己岗位之心，常怀热爱自己工作之情，常做奉献自己才智之事；在家庭中珍爱自己的家人，尽职自己的家庭角色，常以“入则孝，出则悌，谨而信，泛爱众，而亲仁，行有余力，则以学文”醒示自己，这便是呵护自己一生的无悔良药。

人常说，学如逆水行舟。我觉得，人生修养也如那逆行于水面的舟船，若要保证永远不至误入险滩暗河，有必要时时醒示自己以正确的航标。顺风顺水时，也不能忘记了自身人生观、价值观的修习，不然，正确前行的动力便会减少，稍不留神便可能驶离正确的航向，轻可触礁、搁浅，重则有可能舟毁人亡。那时再悔不当初，却是于事无补。

人生在世，其实就是一个自我否定完善的过程。要学会对镜正自身，临镜思己过。每思“以铜为镜，可正衣冠；以古为鉴，可知兴替；以人为鉴，可明得失”，当时时感念单位给予你实现自身价值的机会，感念同事与你相携工作的友爱，感念父母给予你生命，爱人给予你幸福，子女给予你快乐的点点滴滴，珍视自己的工作岗位，珍视自己的幸福家庭，做一个懂回报、知荣辱、明责任、乐付出的人。

一生但求上无愧单位培养认用，下无愧亲人无私付出。做到每躬内省常自砺，拒腐防变正己身。

小强能量站

人的不快乐往往在于不知道珍惜现在所拥有的，却去羡慕别人所拥有的。人的失败常常源于不懂得开发现在所拥有的，却去嫉妒别人所拥有的。别等到失去了，才知道自己要的是什么，才懂得自己拥有的是什么。

第五节　智慧面对“得不到”和“已失去”

清代红顶商人胡雪岩破产时，家人为财去楼空而叹惜，他却说：“我胡雪岩本无财可破，当初我不过是一个月俸四两银子的伙计，眼下光景没什么不好。以前种种，譬如昨日死；以后种种，譬如今日生吧。”

胡雪岩的这种得失心当数“糊涂至极”，然而，失去的已经不再拥有，再去计较又有何用？所以，这种糊涂其实正是一种大智慧。

人生的许多烦恼都源于得与失的矛盾。如果单纯就事论事来讲，得就是得到，失就是失去，两者泾渭分明，水火不容。但是，从人的生活整体而言，得与失又是相互联系、密不可分的，甚至在一定程度上，我们可以将其视为同一件事情。

山姆是一个画家，而且是一个很不错的画家。他画快乐的世界，因为他自己就是一个很快乐的人。不过没人买他的画，因此他想起来会有些伤感，但只是一会儿。

“玩玩足球彩票吧！”他的朋友劝他，“只花 2 美元就可以赢很多钱。”

于是山姆花 2 美元买了一张彩票，并真的中了彩！他赚了 500 万美元。“你瞧！”他的朋友对他说，“你多走运啊！现在你还经常画画吗？”

“我现在就只画支票上的数字！”山姆笑道。

山姆买了一幢别墅并对它进行一番装饰。他很有品位，买了很多东西：阿富汗地毯，维也纳柜橱，佛罗伦萨小桌，迈森瓷器，还有古老的威尼斯吊灯……

山姆很满足地坐下来，他点燃一支香烟，静静享受他的幸福，突然他感到很孤单，便想去看看朋友。他把烟蒂往地上一扔——在原来那个石头画室里他经常这样做——然后他出去了。

燃着的香烟静静躺在地上，躺在华丽的阿富汗地毯上……一个小时后，别墅变成火的海洋，它被完全烧毁了。

朋友们很快知道这个消息，他们都来安慰山姆。“山姆，真是不幸啊！”他们说。

“怎么不幸啊?”他问。

“损失啊！山姆你现在什么都没有了。”朋友们说。

“什么呀？不过是损失了2美元。”山姆答道。

我们不认真想一想，在生活中有什么事情纯粹是利，有什么东西全然是弊？显然没有！所以，智者都晓得，天下之事，有得必有失，有失必有得。

一位成功人士对得失有较深的认识，他说：得和失是相辅相成的，任何事情都会有正反两个方面，也就是说凡事都在得和失之间同时存在，在你认为得到的同时，其实在另外一方面可能会有一些东西失去，而在失去的同时也可能会有一些你意想不到的收获。

人之一生，苦也罢，乐也罢，得也罢，失也罢，要紧的是心间的一泓清潭里不能没有月辉。

有这样一个故事：

一个老和尚养了一盆兰花，他对这盆淡雅的兰花呵护有加，经常为她浇水除草杀虫。兰花在老和尚的悉心照料下，长得十分健康，出落的清秀可人。有一次，老和尚要外出会友，便把这盆花托付给小和尚，请他帮忙照看。小和尚很是负责，像老和尚一样用心呵护兰花，兰花茁壮地成长着。一天，小和尚给兰花浇过水后放在窗台上，就出门办事了。不想天降暴雨，狂风把兰花打翻砸坏了。小和尚赶回来，看到一地的残枝败叶，十分痛心，也很害怕老和尚责怪他。过几天老和尚回来了，小和尚向他讲述了兰花的事情，并准备接受他的责怪。可老和尚什么也没说。小和尚感到很意外，因为那毕竟是老和尚最心爱的兰花呀。老和尚淡淡一笑，说道：“我养兰花，不是为了生气的。”

简单的一句话，却道出了一种豁达的人生态度。我们工作不是为了生气的，我们相爱也不是为了生气的。用心付出的东西一旦无法挽回，也不用再怨什么，再后悔什么。拥有的时候好好珍惜，失去的时候淡然处之。无愧于心便好。你若恨，生活哪里都可恨。你若感恩，处处皆可感恩。你若成长，事事皆可成长。既然没有如愿，不如释怀。不是世界选择了你，是你选择了这个世界。学会智慧面对“得不到”和“已失去”，世界犹如清澈的小溪。

人生中，得与失，常常发生在一闪念间。到底要得到什么？到底会失去什么？仁者见仁，智者见智。不可否认的是，人应该随时调整自己的生命点，该得的，不要错过；该失的，洒脱地放弃。

不以太过认真的态度计较得失，人生才能有更多的风景呈现。哲学家培根说过：“历史使人明智，诗歌使人灵秀。”顶上的松阴，足下的流泉以及坐下的磐石，何曾因宠辱得失而抛却自在？又何曾因风霜雨雪而易移萎缩？

它们踏实无为，不变心性，方才有了千年的阅历，万年的长久，也才有了学者的品性和诗人的神韵。终南山翠华池边的苍松，黄帝陵下的汉武帝手植柏，这些木材中的祖宗，旱天雷摧折过它们的骨干，三九冰冻裂过它们的树皮，甚至它们还挨过野樵顽童的斧斫和毛虫鸟雀的啮啄，然而它们全然无言地忍受了，它们默默地自我修复、自我完善。

到头来，这风霜雨雪，这刀斧虫雀，统统化作了其根下的泥土和涵育情操的“胎盘”。这是何等的气度和胸襟？相形之下，那些不惜以自己的尊严和人格与金钱地位、功名利禄作交换，最终腰缠万贯、飞黄腾达的小人的蝇营狗苟算得了什么？且让他暂时得逞又能怎样?!

在人生的漫长岁月中，每个人都会面临无数次的选择，这些选择可能会使我们的生活充满无尽的烦恼和难题，使我们不断地失去一些我们不想失去的东西，但同样是这些选择却又让我们在不断地获得，我们失去的，也许永远无法补偿，但是我们得到的却是别人无法体会到的、独特的人生。

因此面对得与失、顺与逆、成与败、荣与辱，要坦然待之，凡事重要的是过程，对结果要顺其自然，不必斤斤计较、耿耿于怀。否则只会让自己活得很累。

俗话说：“万事有得必有失”，得与失就像小舟的两支桨，马车的两只轮，得失只在一瞬间。失去春天的葱绿，却能够得到丰硕的金秋；失去青春岁月，却能使我们走进成熟的人生……失去，本是一种痛苦，但也是一种幸福，因为失去的同时也在获得。

小强能量站

得与失，成与败，繁华与落寞犹如过眼烟云，皆可淡然置之。

第六节　感恩生命中所有的一切

感恩是一种对他人的恩惠心存感激的表示，是每一位不忘他人恩情的人萦绕心间的情感，是一种生活态度。要知道，我们生活在这个五彩缤纷的世界上，许多事物都对我们有着一定的恩情。

艾卡特曾说："如果在你的生命中唯一的祷词就是'谢谢'，那就足够了。"感恩就意味着感激，意味着历数你所有的幸福，意味着留意你简单的快乐，也意味着答谢你接受的一切。它使人们更加健康，它还能减少人们的压力，对提高人们的生活质量有很大帮助。

得克萨斯州的两位心理学家做了关于感恩对于健康的作用的实验，并由此写了一篇论文。在实验中，科学家把数百人分成三个不同的组并要求所有参加实验的人每天写日记。

第一组人的日记记录的是每天发生的事情，并没有特别要求是写好事还是坏事；

第二组人被要求记录下不愉快的经历；

第三组人被要求在日记中列出一天中所有让他们觉得值得感恩的事情。

研究结果表明，每天的感恩练习使人们更加警觉、更加热情、更加果断、更加乐观和更加精神。另外，第三组的人们很少能感到沮丧和压力，他们更愿意帮助他人，并且在对人生目标的追求上取得了更大进步。

艾莫斯博士从事感恩方面的研究近十年，被普遍认为是该领域的权

威。他写了一本书，叫《多谢！感恩新科学如何使你更快乐》。这本书中的信息源自于一个研究，这个研究有数千人参加，其中包括世界各地的研究人员。

研究成果之一是证明感恩可以提升人们25%的幸福感。如果整天发生的都是不好的事情，人的幸福感会直线下降，但是之后它还会回到人们预先设定的点上。如果有积极的事情发生，人的幸福感则会上升，然后会再次回到你的“幸福预设点”上。感恩训练可以提高“幸福预设点”，这样，无论外界环境怎样，人们都可以保持一个较高的幸福感知度。

另外，艾莫斯博士的研究还发现，经常心怀感恩的人，比起不懂得感恩的人具有更高的创造能力、更快的恢复能力、更强壮的免疫系统和更广泛的社会关系。博士进一步指出：“说我们心怀感恩并不一定是说我们生活中的每件事都很好。它只是表明我们意识到我们的幸福。”

在一个闹饥荒的城市，一个家境殷实且心地善良的面包师把城里最穷的几十个孩子聚集到一起，然后拿出一个盛有面包的篮子，对他们说：“这个篮子里的面包你们一人一个。在上帝带来好光景以前，你们每天都可以来拿一个面包。”

瞬间，这些饥饿的孩子们一窝蜂地拥了上来，他们围着篮子推来挤去大声叫嚷着，谁都想拿到最大的面包。当他们每人都拿到面包后，竟没有一个人向这位好心的面包师说声谢谢，除了一个叫依娃的小女孩。

她既没有同大家一起吵闹，也没有与其他人争抢。她只是谦让地站在一边，等别的孩子都拿到以后，才把剩在篮子里的最小的一个面包拿起来。她并没有急于离去，而是向面包师表示了感谢，并亲吻了面包师的手之后才向家走去。

第二天，面包师又把盛面包的篮子放到孩子们面前。其他孩子依旧如昨日一样疯抢着，羞怯、可怜的依娃只得到一个比昨天还小一半的面包。当她回家以后，妈妈切开面包，许多崭新、发亮的银币掉了出来。

妈妈惊奇地叫道："快把钱送回去，一定是面包师揉面的时候不小心揉进去的。"当依娃把妈妈的话告诉面包师的时候，面包师慈爱地说："不，我的孩子，这没有错。是我把银币放进小面包里的，我要奖励你。愿你永远保持一颗感恩的心。回家去吧，告诉妈妈这些钱是你的了。"依娃激动地跑回了家，告诉妈妈这个令人兴奋的消息，这是她的感恩之心得到的回报。

感恩是一种处世哲学，是生活中的大智慧。人生在世，不可能一帆风顺，种种失败、无奈都需要我们勇敢地面对、豁达地处理。这时，是一味地埋怨生活，从此变得消沉、萎靡不振，还是对生活满怀感恩，跌倒了再爬起来？

英国作家萨克雷说："生活就是一面镜子，你笑，它也笑；你哭，它也哭。"学会感恩，我们会拥有比别人更多的快乐。不但生活幸福感会上升，而且即使面对挫折失败，也能从中汲取前进的力量。

感恩生活，将会得到生活赐予的灿烂的阳光；不感恩生活，只是一味地怨天尤人，最终可能一无所有。所以，我们要学会感恩，乐观地对待生活。

接下来，我要讲的是与人相处的一条准则：学会放大别人的优点，忽略别人的缺点。每个人都有缺点，古人云：金无足赤，人无完人。

但即使是有很多缺点的人，也还是有优点的，这需要我们去发现。跟同事相处，最好的方法就是多看看别人的优点，不要过于在意对方的缺点，尤其不要对别人的缺点评头论足。

有一个故事。

一位旅行者来到一个小镇，决定在这里停留。他找到镇长提出自己想定居下来的想法，老镇长问：“你曾经在哪里居住过?”旅行者答道：“也是一个小镇”。

老人又问：“你觉得那个镇子好吗?”“糟透了!”旅行者开始滔滔不绝地数落起那里的居民如何令人生厌。听完他的话，老人说：“很不幸，这个镇上的人也是那样，你说的正是我对这里居民的看法，你还是走吧。”

于是，旅行者离开了。后来，又有一位想定居的旅行者找到了镇长，镇长询问了他同样的问题，旅行者答道：“我原来居住的小镇非常美，镇上的人也都很可爱，人与人之间亲密真诚。”老人说：“小伙子，你说的正是我对这里居民的看法，我们的镇子同样非常好，欢迎你的加入!”

为什么第一位旅行者不被欢迎？因为他的眼里看不到美好。人与人相处也是这个道理，如果到了新单位，却常常数落以前单位的同事，那么新的同事会喜欢你吗？答案不言而喻。因此，如果换了工作，在新的环境中，对于曾经就职的单位，也应该怀有一颗感恩的心。

小强能量站

生活中也是这样，当一个人总是觉得其他人这里不好那里不好时，最应该做的是反省一下自己。改正自己的缺点，用宽大的心审视别人，然后给予真诚的赞赏。当你学会了在感恩与赞赏中生活，你就会成为受欢迎的人。

第七节　心有多大，世界就有多大

心是什么？是理想、追求、抱负、胸襟、视野和境界。有一等胸襟者，才能成就一等大业；有大境界者，才能建立丰功伟业。很多时候，我们去做一件事，常常缺少的不是知识和能力，而是胸襟、视野和境界。

心像针眼一样小的人，做起事来，常常挑三拣四、拈轻怕重、斤斤计较、患得患失，他们整日忙忙碌碌，最终却碌碌无为；心像大海一样宽广的人，尽管有时从事的是最平凡的工作，但他们从来不怨天尤人、自暴自弃，而是任劳任怨、埋头苦干、无私奉献、不计得失，在平凡的岗位上却创造出不平凡的业绩。

在工作、生活中，总会突如其来很多复杂的事情不断打扰着我们的心，我们在忍受的同时亦接受着考验，考验我们的心有多坚忍、胸怀有多宽广。也许没有人的肚量可以大到能撑船的地步，但是我们可以试着深吸一口气，把眼光放远一点点，也许你能看到和现在完全不同的景象。

所以，当你无力和没有办法反驳他人的指责，那么就没必要让这些情绪持续影响你的心情，回头望望走过的路，你会发现，很多困难当初让我们觉得天都快要塌了，现在看来只不过是一些鸡毛蒜皮的小事，很多指责曾经让人窒息，现在却只觉得可笑，很多当时令人痛苦万分的事，现在也只是茶余饭后的闲聊话题罢了。不都过去了吗？再痛苦、再不幸也只是一个过程，把眼睛看得远一些，把心灵放大一些，不要让那些不快停留在我们眼前和心中。说到这里，不由想起一句禅语：“菩提本无树，明镜亦非台，本来无一物，何处惹尘埃。”不要为了眼前的一些事过于执着和计较，那会把我们的心变小。心小了怎能装得下大千世界呢？

每个人看外在的世界，无非是心灵的一种折射，无法容纳我们去好好施展才华，其实，世界和舞台的大小来源我们的心，“心有多大，舞台就有多大”，要成就梦想，只有壮大自己的心灵空间，做到心胸宽广、眼界高远，才能取得更大的成功。

什么样的心态产生什么样的结果，这样的心态也直接影响着以后的发展前途。开阔的心胸，开放的视野，才能让我们抓住更多真正的机会。所以，我们没有必要总抓着生活中的一些小事不放手，也没有必要停留在这一刻的悲伤情绪里，也没有必要因为周围的人怀疑而不敢心存高远。这样只会限制了我们的思想、我们的心灵。

知识缺乏，可以去汲取、去丰富；能力低下，可以去训练、去强化。唯有扩大胸襟、拓宽视野、升华境界不是一件容易的事。它需要不断地学习、自省、淬火、修炼和砥砺。做人、做事有了境界，就会成为仁者、智者。既仁又智，当天下无敌。

当心变大时，我们就多了一对眼睛、一双手、一副耳朵。眼望不到的景物，心可以感受到；手够不着的东西，心可以触摸到；耳听不见的声音，心可以聆听到。用心做事，可以明辨是非、洞察秋毫；用心做事，可以匠心独运、巧生于内；用心做事，可以八面来风、生定慧根。世上千事万事，唯有用心做事，才能把事情做大做好、做精做妙。

我们很难成为伟人，但可以拥有伟人一样的胸襟。我们不可能干出惊天动地的大事，但可以用大境界的心态去做平凡的小事。

小强能量站

不要把心放在手掌上、眼皮下，要把心放在高山之巅、大海之上。置心于山巅，就会“山高我为峰”，“一览众山小”，饱览无数精彩迷人的风景；置心于大海，就会“自信人生二百年，会当水击三千里”，勇立潮头，尽显英雄本色。

心有多大，舞台就有多大；心有多大，世界就有多大。